81 razones que Desafían la Edad de la Tierra

¿La Tierra Realmente Tiene 4.6 Billones de Años?

Autor: Rafael E. Dickson Castillo

Tabla de contenido

INTRODUCCIÓN..10
Motivación del Autor...10
Visión General..10
Crítica al Consenso Científico............................11
Organización del Libro..11
Expectativas para el Lector.................................12
Evolución de las Versiones del Libro.................12
El Desafío del Consenso Científico....................13

SOBRE LOS MÉTODOS DE DATACIÓN.21
¿Es la Datación una Ciencia Falible?
Radioisótopos, Corrimiento al Rojo y Radiación de Fondo 21

   1)   De Los Radio Isotopos Radiactivos:25

   2)   Del Corrimiento al Rojo (RedShift y el Radiación de Fondo de Microondas (CMB)...........62

PARTE I: Evidencias Astronómicas y Cósmicas...93

   3)   **El encogimiento del Sol:** 93
       Implicaciones para la Teoría Evolutiva: 93

   4)   **El polvo cósmico en la Luna:** 94
       Implicaciones para la Teoría Evolutiva: 95

   5)   **El retroceso de la Luna:** 96
       Cálculo de la distancia en el pasado: 96
       Impacto en las mareas: 96
       Consecuencias para los continentes y la vida:....97

   6)   **Enfriamiento de Júpiter y Saturno:98**
       Evidencia del Enfriamiento: 98
       El Caso de Io, una Luna de Júpiter:....................99
       Implicaciones a la Cronología del Sistema Solar:99

   7)   **Transformación de Sirio:** 100
       Evidencia histórica y científica: 100
       Posibles explicaciones: 101
       Implicaciones para los tiempos evolutivos:......101

   8)   **Evidencia de radiación cósmica:** ...102
       Evidencia y análisis: 103
       Analogía: 103
       Implicaciones para la edad del universo:..........103

Aspectos que se cuestionan en la cronología cosmológica estándar: 106

9) Evolución estelar acelerada: 107
Observaciones de Transformaciones Rápidas: .107
Ejemplos de Estrellas de Evolución Rápida: 107
Implicaciones para los Tiempos Evolutivos Estelares: 108

10) Supernovas recientes: 109
Evidencia de la escasez de remanentes de supernovas: 109
Implicaciones para la edad del universo: 110

11) Polvo interplanetario: 110
Evidencia observada: 111
Estimaciones de acumulación de polvo: 111
Implicaciones para la edad del sistema solar: ...111
Contraargumentos comunes: 112

12) Alineación de los planetas: 113
Evidencia observada: 113
Estabilidad orbital: 114
Modelos cuestionados: 114
Implicaciones para la edad del sistema solar: ...114

Parte II: Evidencias Geológicas................116

13) La erosión de los continentes: 116
Evidencia observada: 116
Implicaciones para la edad de la Tierra: 117
Contraargumentos comunes: 117

14) Corrosión en Cataratas del Niágara: 118
Evidencia observada: 118
Implicaciones para la edad de la Tierra: 119
Contraargumentos comunes: 119

15) El delta del río Mississippi: 120
Evidencia observada en el delta del Mississippi: 120
Comparación con otros deltas: 121
Implicaciones para la edad de la Tierra: 122
Contraargumentos comunes: 122

16) Formación de estalactitas y estalagmitas: 123
Evidencia observada: 123

Nota Aclaratoria sobre las Fuentes:.........261

INTRODUCCIÓN

Motivación del Autor

Este trabajo nace de un profundo compromiso, cultivado a lo largo de 30 años, de investigar y comprender evidencias que desafían el paradigma del tiempo evolutivo y sustentan una cronología reciente para nuestro planeta y el universo.

En este camino de estudio y reflexión, he encontrado argumentos —algunos incluso a través de la serendipia— que considero esenciales para comprender nuestra historia desde una perspectiva creacionista.

No es mi intención defender a Dios, ya que Su eterno poder y deidad se hacen visibles a través de las cosas creadas.

Mi objetivo es, más bien, exponer y compartir el trayecto que me ha conducido a estas convicciones, con la esperanza de que estas evidencias sirvan de luz y alienten la reflexión en quienes buscan una comprensión más profunda de la realidad.

Visión General

La intención de esta obra es presentar evidencias científicas que, desde distintos ámbitos —cosmología, geología, biología y otros—, ofrecen un testimonio coherente en apoyo de una Tierra joven.

Mi objetivo no es demostrar cada evidencia.

No tengo que demostrar, por ejemplo, que la Luna se está alejando de la Tierra a un ritmo de casi 4 pulgadas por año. No lo he dicho yo. Lo dicen los "científicos" de la "comunidad científicas".

Sin embargo, sí me hago la pregunta de dónde debió estar hace un millón o incluso 66 millones de años, y cuáles podrían haber sido las implicaciones de esa distancia para nuestro planeta. Del mismo modo, planteo preguntas similares en torno a otras evidencias, y cuando existen argumentos en contra, también los presento y analizo.

Este conjunto de evidencias se expone no solo como una refutación del tiempo evolutivo, sino también como una alternativa sólida que se alinea con el relato bíblico y la creencia en un Creador.

A los lectores comprometidos en descubrir la verdad y dispuestos a examinar las bases de su conocimiento, este libro les invita a reconsiderar la cronología aceptada y abre una ventana hacia una perspectiva que ha sido ignorada o minimizada por muchos.

Crítica al Consenso Científico

En una época subyugada por lo que denomino de una "dictadura de la información," nos encontramos con que muchas voces y perspectivas científicas han sido relegadas o incluso silenciadas.

Aquí, no se trata de rechazar la ciencia, sino de examinar cómo los supuestos dominantes, que suelen ser aceptados sin cuestionamiento, configuran un consenso aparentemente indiscutible.

Este libro se posiciona como un recurso para desafiar el *"status quo"*, alentando a una búsqueda auténtica y desapasionada de la verdad.

La ciencia avanza cuestionando, y este proyecto busca precisamente eso: abrir espacio para el cuestionamiento informado y respaldado, en lugar de la aceptación ciega.

Organización del Libro

Para facilitar el estudio de cada evidencia, el contenido está organizado en siete secciones, inspiradas por el simbolismo bíblico del número siete, que representa plenitud y perfección divina.

Estas secciones abarcan evidencias en los campos astronómico, geológico, biológico, entre otros. A través de esta estructura, el lector podrá ver cómo cada elemento se conecta con una visión completa de la historia de la Tierra y del universo, contrastando con los "seis días" de la creación y las múltiples teorías que han intentado explicar la existencia desde una perspectiva exclusivamente materialista.

Expectativas para el Lector

Este libro invita a un viaje de cuestionamiento y descubrimiento. Cada evidencia se presenta como una herramienta para pensar profundamente y con una mente abierta, en un ejercicio intelectual que reta al lector a considerar otra cara de la historia.

A lo largo de estas páginas, la expectativa no es imponer una creencia, sino inspirar un interés genuino en examinar, comparar y discernir lo aprendido. ¿Qué conclusiones traerán estas evidencias a quienes las contemplen? Solo el lector tiene la llave para abrir esa respuesta.

Evolución de las Versiones del Libro

La primera versión de este libro nació de manera inesperada. No fue un proyecto concebido desde el inicio para estos fines; sino que surgió como una colección de datos e informaciones que fui reuniendo y guardando en mi laptop a lo largo de los años.

Este compendio inicial, de lenguaje sencillo y sin el peso de referencias o extensiones argumentativas innecesarias, fue pensado principalmente para ser escuchado en dispositivos como Kindle, lo que lo hace menos técnico y más accesible.

Como cristiano, encuentro satisfacción en esa primera versión, ya que transmite los fundamentos esenciales de las evidencias que respaldan una Tierra joven y un universo reciente.

Sin embargo, reconociendo que algunas personas buscan una presentación más detallada y técnica, respondí a las críticas y al interés de un público más exigente desarrollando una segunda versión, que en definitiva fue la que se tradujo al inglés.

Esta segunda edición mejora los argumentos, introduciendo estudios y fuentes donde ha sido posible y eliminando la carga emocional que, como cristiano, pudiera añadir. No obstante, el concepto y propósito se mantienen inalterados: *presentar una alternativa sólida que invita a cuestionar la cronología estándar aceptada.*

El Desafío del Consenso Científico

Uno de los mayores retos que enfrenta este trabajo es que muchas de las ideas y evidencias aquí presentadas provienen de científicos e instituciones que no son considerados parte del "consenso científico" de la comunidad convencional. Este consenso científico, dominado por teorías como el Big Bang, la evolución estelar y la expansión del universo, descansa en la idea de un cosmos en desarrollo durante miles de millones de años.

Desde la perspectiva de muchos científicos convencionales, los defensores de modelos creacionistas o cosmologías alternativas quedan fuera del flujo principal de la ciencia, ya que sus interpretaciones suelen basarse en convicciones religiosas o filosóficas que difieren del marco naturalista actual (es lo que dicen ellos). Por ello, es común que quienes defienden el modelo estándar u oficialista desacrediten o ignoren estos enfoques, argumentando que no cumplen con el método científico convencional.

Sin embargo, este libro aspira a dar voz a estas interpretaciones alternativas, no para imponer creencias, sino para abrir un diálogo informado sobre la posibilidad de un universo más joven, presentando fundamentos basados en observación y cuestionamiento genuino.

Este esfuerzo responde a la convicción de que la búsqueda de la verdad debe ser amplia y permitir un espacio para la investigación crítica. En última instancia, mi intención con esta segunda versión es no hacer oídos sordos, sino ofrecer a los lectores la opción de examinar con una mirada abierta estos argumentos y sacar sus propias conclusiones.

Este libro es demuestra que los modelos y teorías propuestos por científicos de instituciones como AiG *(Answers in Genesis)* o el ICR *(Institute for Creation Research)*, aunque no sean ampliamente aceptados, aplican principios científicos en sus análisis.

Estos enfoques recurren a la observación astronómica, la física y la termodinámica para plantear sus objeciones, sin depender de la Biblia ni de filosofías. El debate radica en la interpretación de esos datos y en las suposiciones que sustentan cada modelo.

Para quienes sostienen una cosmovisión creacionista o cuestionan el naturalismo estricto, estos científicos y organizaciones representan una contribución válida a la discusión científica, aunque sean marginados por el consenso dominante. Esta "Comunidad Científica" —mal llamada así cuando se vuelve excluyente— no debería desestimar voces alternativas.

La estimación de que la Tierra tiene aproximadamente 4.6 mil millones de años es el resultado de dos siglos de investigación científica, y se ha convertido en un cálculo ampliamente aceptado y oficialista, basado principalmente en métodos de datación radiométrica, que analizan el decaimiento de isótopos radiactivos en rocas y minerales de la Tierra. Pero ¿qué tan confiables son estos métodos? ¿Podemos realmente afirmar con certeza que la Tierra tiene miles de millones de años, o existen evidencias que sugieren una cronología mucho más reciente?

Varios hombres de ciencia desempeñaron un papel crucial en el desarrollo de los métodos para estimar la edad de la Tierra. Uno de los primeros en intentarlo fue Lord Kelvin (1824-1907), quien calculó la antigüedad del planeta basándose en su enfriamiento térmico. Sin embargo, debido al desconocimiento de la radiactividad en ese momento, Kelvin subestimó significativamente esta edad.

A finales del siglo XIX, los descubrimientos de Marie y Pierre Curie sobre la radiactividad sentaron las bases de la datación radiactiva, un campo ampliado posteriormente por Henri Becquerel.

En 1904, Ernest Rutherford introdujo la idea de utilizar el decaimiento radiactivo como un "reloj" natural para medir la edad de las rocas, abriendo el camino a lo que hoy conocemos como datación radiométrica.

Finalmente, en 1956, Clair Cameron Patterson calculó la edad de la Tierra en 4.55 mil millones de años usando muestras de meteoritos y el método de datación por uranio-plomo. Aunque no fue galardonado con el Premio Nobel, su contribución fue fundamental para establecer la edad de la Tierra que actualmente es aceptada.

Sin embargo, el uso de muestras de meteoritos y el método de uranio-plomo están hoy en tela de juicio, a la luz de las numerosas evidencias en su contra, poniendo en cuestión también la validez de esa aceptación.

A lo largo de los años, algunos científicos han ignorado o pasado por alto evidencias que podrían sugerir una Tierra de menor antigüedad.

Los métodos de datación radiactiva se consideran revolucionarios y generalmente precisos; no obstante, se fundamentan en varias suposiciones cuestionables, como la constancia de las tasas de decaimiento radiactivo y la ausencia de contaminación en las muestras analizadas.

Los defensores de una Tierra joven, como los creacionistas, señalan varias maneras en las que las suposiciones detrás de la datación radiométrica pueden fallar. Por ejemplo, la presencia de carbono-14 en fósiles y diamantes —materiales que, según los evolucionistas, deberían tener millones de años— se interpreta como evidencia de que estos son mucho más jóvenes. Asimismo, la disminución del campo magnético terrestre, el estado de ciertos fósiles y la ausencia de formas intermedias en el registro fósil apuntan hacia una Tierra más joven de lo que se ha establecido, junto con otras razones que se exponen en este trabajo.

La datación radiométrica, lejos de ser infalible, se basa en suposiciones que podrían no aplicarse en todos los contextos.

Estudios recientes sugieren que las tasas de decaimiento radiactivo pueden variar bajo ciertas condiciones, lo que podría invalidar las fechas obtenidas a través de estos métodos. En este caso, lo que hoy se considera "evidencia" de una Tierra antigua podría estar basado en datos defectuosos.

El debate sobre la edad de la Tierra sigue siendo un tema candente entre los creacionistas y la "comunidad científica" convencional, que muchos consideran una entidad de poder sin una representación local inclusiva y que no reconoce al gran número de científicos que apoyan una visión creacionista.

Desde la perspectiva de quienes defendemos una Tierra joven, los métodos de datación de rocas, fósiles y otros materiales están llenos de errores y suposiciones no verificables. La datación por carbono-14, por ejemplo, aplicada a seres vivos y fósiles recientes, ha mostrado inconsistencias que desafían la escala de tiempo de millones de años (un tema que desarrollo en un escrito específico).

Otro ejemplo es la sedimentación rápida observada en ciertos fósiles, que indica un entierro veloz en eventos catastróficos, como el Diluvio descrito en la Biblia o la división de la Pangea en tiempos de Peleg, en lugar de haberse fosilizado lentamente a lo largo de millones de años, como propone el modelo evolutivo.

Es esencial entender que el conflicto entre ciencia y fe no tiene por qué ser inevitable.

Muchas preguntas sobre la existencia de Dios o el origen del universo pueden estar más allá del alcance de la ciencia o la filosofía.

La fe es, en muchos casos, una experiencia personal que no puede probarse o refutarse empíricamente. Dios se manifiesta a través de Su creación y, en el análisis de esa creación, podemos encontrar Su firma.

En los debates entre ateos y cristianos, es común observar tácticas que desvían la atención del tema central.

Una de estas tácticas, conocida como "red herring," que consiste en cambiar el enfoque de la discusión para evadir el argumento o la pregunta principal. En lugar de responder directamente, el interlocutor introduce un tema diferente con el objetivo de distraer la atención.

Otra técnica es la "Gish Gallop," que implica abrumar al oponente con una serie de afirmaciones y argumentos, muchos de los cuales son irrelevantes o inexactos.

Aunque estas tácticas pueden desorientar la conversación, no contribuyen a un análisis profundo ni a una verdadera comprensión de los argumentos en juego.

No debemos ignorar que este consenso se ha construido sobre suposiciones que pueden no ser completamente precisas.

La evidencia que sugiere una Tierra joven merece un examen más riguroso, y es esencial reconocer y corregir los errores en los métodos de datación actuales.

Se necesita una búsqueda constante de mejorar estos métodos, abandonando el conformismo que parece haber alcanzado su punto culminante en un tema tan complejo.

Resulta revelador observar el doble estándar que muchos críticos de la religión emplean.

A menudo exigen una evidencia científica irrefutable para aceptar la existencia de Dios, mientras que aceptan sin mayor cuestionamiento teorías como la teoría de las cuerdas o la hipótesis de los múltiples universos, las cuales, hasta el momento, carecen de evidencia empírica directa. Esta doble vara de medir sugiere que, en ocasiones, la búsqueda de la verdad es desplazada por una ideología preexistente.

El lenguaje cargado de emociones y connotaciones negativas puede influir en cómo se perciben los argumentos, lo que lleva a muchos a adoptar una postura inquisitiva. Este comportamiento podría surgir de un tipo de adoctrinamiento que desalienta el cuestionamiento genuino y abierto.

Es necesario reconocer que algunas preguntas, como las que tratan sobre la existencia de Dios o el origen del universo, probablemente escapan al alcance de la ciencia o la filosofía.

Estas no pueden responderse de manera directa, sino a través de los indicios indirectos que nos ofrece la creación misma. Como Dios lo expresa en Su palabra: "Lo invisible de él se hace visible a través de las cosas creadas y del comportamiento de estas."

La fe, en muchos casos, es una experiencia profundamente personal, imposible de probar o refutar empíricamente. A pesar de su inclinación hacia el cientificismo y la filosofía, algunos parecen no comprender esta realidad fundamental.

Este libro busca proporcionar una base sólida para cuestionar las suposiciones del paradigma evolucionista y destacar múltiples evidencias que apuntan a una Tierra mucho más joven.

En el contexto de un debate, la atención debería centrarse en la cronología de la Tierra, no en la existencia o inexistencia de Dios, ya que empíricamente nadie puede demostrarlo de manera concluyente; Dios mismo se hace visible a través de Su creación.

La clave está en conocer a fondo al menos 10 de las 81 evidencias que aquí se presentan, manteniendo el enfoque en lo esencial.

En general, la "teoría" de la evolución se basa en varias suposiciones (aunque algunas inteligencias artificiales puedan afirmar lo contrario y presentar vagamente que existen "evidencias abrumadoras"). No obstante, tal como exigen los ateos en otros contextos, ¿dónde están esas evidencias?

A menudo encontramos frases ambiguas y con un lenguaje en términos exponenciales. Las suposiciones fundamentales son, en esencia, las siguientes:

1. El universo tiene miles de millones de años.

2. La vida surgió espontáneamente de minerales inertes, es decir, que el antecesor más antiguo no sería un mono, sino una piedra o fragmento de roca (evolución orgánica).

3. Las mutaciones pueden crear o mejorar especies.

4. La selección natural posee un poder creativo (macroevolución).

Si logramos demostrar que el universo —o al menos el sistema solar— no tiene esos miles de millones de años, valiéndose de estudios y descubrimientos de especialistas (puesto que el término "científico" no es en sí un grado académico, como he analizado previamente), entonces los demás argumentos sobre la evolución carecerían de sentido y se volverían innecesarios.

Aun así, una cosa es que el universo tenga miles de millones de años y otra muy distinta es asumir que la vida en la Tierra tiene esa misma antigüedad.

Veamos: en los cuentos de hadas nos dijeron que una rana, con el hechizo mágico de un beso, se convierte en príncipe.

En la "ciencia" moderna y en los "libros de texto no cristianos," el relato ha cambiado por "evolución," pero el principio es el mismo. Ojalá en los colegios donde se cree en el Dios de la Biblia, no se enseñara la evolución como una verdad incuestionable, dudando de la credibilidad de la Biblia y de su mensaje. Debería, en cambio, ofrecerse la misma cantidad de información sobre evolución y creación, permitiendo a los alumnos, cual esponjas que son, tener la oportunidad de evaluar ambas perspectivas y elegir con conocimiento.

Pero en cambio nos dicen que: Rana (o piedra, o célula unicelular) + tiempo = príncipe.

La evolución en los textos modernos no es muy distinta de ese mismo cuento de hadas, solo que la "poción mágica" ahora es el tiempo.

Cuando se discute la teoría de la evolución, el tiempo se presenta como una solución mágica para cada obstáculo. Así, la estrategia para desmantelar el concepto de evolución debe ser desmembrar la fe en este "dios" tiempo.

En casi todos los debates sobre evolución, cuando se les pregunta a los evolucionistas cómo es posible que ciertos fenómenos hayan evolucionado por casualidad, su respuesta habitual es: "Dado suficiente tiempo…" El tiempo es, en esencia, el dios de los evolucionistas, capaz de convertir una rana en un príncipe, crear materia de la nada y dar vida a lo inerte.

Según esta perspectiva, el tiempo puede crear orden a partir del caos, como en la teoría del Big Bang, donde, en esencia, arrojar una bomba en una crisis generaría orden en lugar de destrucción, desafiando las propias leyes de la ciencia.

Los profesores y autores suelen pasar por alto cómo los evolucionistas emplean términos como "tal vez," "pudiera ser" o "hay la posibilidad de" para describir sus postulados, mientras que la Biblia no presenta sus afirmaciones como posibilidades, sino como certezas: "En el principio creó Dios los cielos y la tierra."

Si nos propusiéramos respaldar cada hecho de la creación divina con teorías, sería necesario escribir incontables volúmenes, pero Dios lo expresó con simplicidad, pues Su creación no es algo que podamos entender completamente; es algo que debemos aceptar con fe.

Si quitamos el tiempo de la ecuación citada, obtendríamos dos resultados contundentes:

A) La evolución se vuelve evidentemente imposible.

B) La creación emerge como la única explicación razonable para la existencia de vida en este complejo sistema.

Ese es, precisamente, el propósito de este trabajo: demostrar que, sin el recurso del tiempo, la creación es la explicación más sólida y coherente.

SOBRE LOS MÉTODOS DE DATACIÓN.

¿Es la Datación una Ciencia Falible?

Radioisótopos, Corrimiento al Rojo y Radiación de Fondo

El tema de la datación radiométrica, el corrimiento al rojo (RedShift), y la radiación de fondo de microondas (CMB, por sus siglas en inglés) son pilares fundamentales en la argumentación científica de la antigüedad del universo y la Tierra.

Sin embargo, estos métodos, al igual que cualquier enfoque científico, están sujetos a ciertos supuestos y limitaciones que abren el espacio a cuestionamientos razonables. Vamos a desglosar cada uno en lo sucesivo y ampliamente:

1.-Datación Radiométrica: La datación radiométrica es uno de los métodos más utilizados para estimar la edad de las rocas y la Tierra, basado en la descomposición de isótopos radiactivos.

El proceso mide la cantidad de un isótopo padre radiactivo y su producto de descomposición (hija), con el supuesto de que se conoce la tasa de desintegración (vida media) y que el sistema se ha mantenido cerrado (sin que hayan entrado o salido elementos).

Sin embargo, existen limitaciones y supuestos clave que deben ser considerados:

Sistema cerrado: Se asume que el material rocoso no ha sido alterado desde su formación, pero si hubo pérdida o ganancia de isótopos, las fechas obtenidas pueden ser inexactas.

Condiciones iniciales: Los métodos asumen que no había elementos hija presentes en el momento de la formación de la roca, lo cual es una suposición que no puede verificarse directamente.

Vida media constante: Se asume que las tasas de descomposición han sido constantes a lo largo del tiempo. Aunque esto es generalmente aceptado, algunos científicos cuestionan si las condiciones extremas (como los eventos catastróficos) pudieron haber afectado las tasas de descomposición.

Además, algunos casos prácticos han demostrado errores significativos en las fechas proporcionadas. Por ejemplo, rocas recientes formadas en erupciones volcánicas han sido datadas con millones de años por estos métodos, lo que demuestra que los métodos pueden dar resultados incorrectos si no se cumplen los supuestos de los que dependen.

2.- Corrimiento al Rojo (RedShift): El corrimiento al rojo es el fenómeno observado cuando la luz emitida por un objeto en el espacio se desplaza hacia el extremo rojo del espectro.

Este fenómeno ha sido interpretado como evidencia de que el universo se está expandiendo y, por ende, como una prueba indirecta del Big Bang.

La magnitud del corrimiento al rojo de las galaxias lejanas se utiliza para calcular su distancia y su velocidad de alejamiento, lo que ha llevado a la conclusión de que el universo tiene una edad de alrededor de 13.8 mil millones de años.

La Interpretación del RedShift tiene sus desafíos:

Interpretación cosmológica: Aunque se ha generalizado que el RedShift es evidencia de la expansión del universo, algunos científicos han explorado teorías alternativas, como el RedShift cuántico o el RedShift gravitacional, que podrían explicar el fenómeno sin necesidad de invocar una expansión universal.

El RedShift cuántico y el RedShift gravitacional son alternativas que algunos científicos han propuesto para explicar el corrimiento al rojo, en lugar de atribuirlo exclusivamente a la expansión del universo. A continuación, una breve explicación de ambos conceptos:

RedShift Cuántico: El RedShift cuántico sugiere que el corrimiento al rojo de la luz podría deberse a interacciones entre los fotones de la luz y las partículas subatómicas presentes en el vacío cuántico.

Según esta teoría, los fotones perderían energía a medida que viajan largas distancias, lo que haría que su longitud de onda se desplazara hacia el extremo rojo del espectro. Esta idea no requiere la expansión del espacio, sino que se centra en la interacción continua de los fotones con el vacío cuántico, una región que, según la física cuántica, no está realmente "vacía", sino llena de fluctuaciones energéticas.

RedShift Gravitacional: El RedShift gravitacional se basa en la relatividad general de Einstein y explica que la luz que escapa de un campo gravitacional fuerte, como el de una estrella o una galaxia, pierde energía

A medida que los fotones salen del pozo gravitacional, su frecuencia disminuye y la longitud de onda se alarga, causando un desplazamiento hacia el rojo. Este tipo de RedShift se observa en zonas cercanas a objetos masivos, como estrellas de neutrones o agujeros negros, y no está relacionado con la expansión del universo, sino con el efecto de la gravedad sobre la luz.

Ambas teorías proporcionan explicaciones alternativas para el corrimiento al rojo que no dependen de la expansión del universo, aunque no son ampliamente aceptadas como modelos alternativos al RedShift cosmológico. Estas ideas cuestionan si el universo realmente se está expandiendo o si el corrimiento al rojo tiene otras causas aún no del todo comprendidas.

Modelos alternativos: Algunos críticos del modelo del Big Bang sugieren que este fenómeno podría ser consecuencia de otros factores no relacionados con la expansión del universo, como interacciones cuánticas de la luz con el vacío cuántico. Aunque estas teorías no han ganado consenso, demuestran que el RedShift no es un fenómeno completamente entendido.

3.- Radiación de Fondo de Microondas (CMB):

La radiación de fondo de microondas es otra pieza clave en el rompecabezas del origen del universo. Esta radiación es vista como el "residuo" del Big Bang y su estudio ha permitido obtener información sobre la edad y la estructura del universo.

Homogeneidad y anisotropías: El CMB es sorprendentemente uniforme, lo que plantea preguntas sobre cómo las pequeñas fluctuaciones de temperatura (anisotropías) observadas en la radiación dieron lugar a las estructuras del universo (galaxias, cúmulos, etc.).

Estas fluctuaciones son interpretadas por los modelos del Big Bang como la semilla de la formación de estas estructuras, pero el proceso no está completamente entendido.

Problemas del horizonte: El CMB es tan uniforme que algunos cosmólogos han planteado preguntas sobre cómo regiones del universo, que nunca estuvieron en contacto, pueden tener la misma temperatura.

Este problema se resuelve en parte mediante la teoría inflacionaria, que propone una expansión extremadamente rápida del universo en los primeros momentos después del Big Bang, pero esta teoría sigue siendo objeto de debate y especulación.

En Conclusión: El objetivo no es negar la ciencia detrás de estos métodos, sino más bien señalar que tienen limitaciones y supuestos que abren la puerta a otras interpretaciones y a la necesidad de una reevaluación continua.

De hecho, la creencia en un universo de miles de millones de años o en la teoría del Big Bang requiere un componente de fe en la validez de los modelos y las suposiciones subyacentes.

Muchos científicos y estudiosos que apoyan la creación o la Tierra joven sugieren que estos métodos no son suficientes para invalidar una cronología bíblica.

Argumentan que los eventos catastróficos, como el Diluvio, podrían haber alterado significativamente las condiciones iniciales y los ritmos de cambio de las formaciones geológicas, lo que proporcionaría una explicación coherente dentro de una perspectiva creacionista.

1) De Los Radio Isotopos Radiactivos:

El tema de la datación radiométrica y la edad del Sol (por ejemplo) se puede abordar desde varios ángulos, comenzando con las principales técnicas utilizadas para calcular la antigüedad del Sol y la Tierra. El Sol, según la ciencia actual, tiene alrededor de 4,600 millones de años, y se considera que se formó antes que la Tierra. Sin embargo, este cálculo no se basa directamente en la datación de isótopos del Sol, ya que, ya que, no se pueden extraer isótopos radiactivos directamente del Sol.

1. El Sol y la Tierra: Diferencia en Edades: El cálculo de la edad del Sol se basa principalmente en modelos de evolución estelar, que son *simulaciones* matemáticas que predicen cómo una estrella, como el Sol, se forma, evoluciona y muere.

Uno de los astrofísicos más importantes en este campo fue Arthur Eddington, quien desarrolló teorías clave en la década de 1920 sobre cómo las estrellas producen energía a través de la fusión nuclear. A través de estos modelos, los astrónomos llegan a la conclusión de que el Sol ha existido durante aproximadamente 4.6 mil millones de años.

Este enfoque depende de estudiar las propiedades observadas de estrellas similares y aplicar principios físicos universales.

Sin embargo, la datación radiométrica, utilizada para objetos sólidos como la Tierra, no puede aplicarse directamente al Sol debido a la imposibilidad de extraer materiales del núcleo solar.

La Palabra de Dios los pone loco a todos, porque resulta que fue al revés. Dios debe estar riéndose a 2 manos con esto de que el sol fue primero que La Tierra; puesto que ya está dicho, pero bien…

2. Modelos de Evolución Estelar: Los modelos de evolución estelar son cálculos teóricos que intentan representar la vida de una estrella desde su nacimiento hasta su muerte.

Estos modelos se basan en observaciones de estrellas en diferentes etapas de su vida y en las leyes de la física nuclear. Sin embargo, existe un cuestionamiento muy válido: ¿cómo pueden los científicos usar datos tan recientes (solo unos 83 años desde que se desarrollaron estos modelos) para deducir millones de años de historia estelar? Es un desafío extrapolar a escalas tan largas usando datos tan limitados.

¿Y cómo con una muestra de hace apenas 83 años me vas a modelar algo de 50 o 60 millones de años? Porque no dio el resultado 54.75 millones de años o miles de años. ¿Qué porcentaje es 83 años de 4,660 millones de años? Sería (83 años / 4,660 millones de años) * 100 ≈ 0.00000178%; es el % de credibilidad de este método y de esa suposición.

3. El Carbono 14 y la Datación Radiométrica: Cuando hablamos de datación radiométrica en la Tierra, el carbono-14 (C-14) es uno de los métodos más conocidos para determinar la antigüedad de objetos orgánicos de hasta unos 50,000 años.

Sin embargo, la datación por carbono no es útil para objetos extremadamente antiguos, como las rocas que forman la Tierra o el Sol, porque el C-14 tiene una vida media relativamente corta de 5,730 años.

Para objetos mucho más antiguos, los geólogos y físicos utilizan isótopos con vidas medias mucho más largas, como el uranio-238, que tiene una vida media de 4,468 millones de años, o el potasio-40, que tiene una vida media de 1,3 mil millones de años.

Estos isótopos radiactivos se descomponen lentamente con el tiempo, convirtiéndose en otros elementos (por ejemplo, el uranio se descompone en plomo), lo que permite a los científicos calcular la edad de las rocas y minerales.

4. Suposiciones en la Datación Radiométrica: La datación radiométrica, aunque utilizada ampliamente, se basa en una serie de suposiciones que pueden no siempre ser válidas. Algunas de estas incluyen:

- Que la tasa de desintegración de los isótopos ha permanecido constante durante millones o incluso miles de millones de años.

- Que el sistema (la roca o el fósil que se está analizando) no ha sido contaminado ni ha intercambiado isótopos con su entorno.

- Que no hubo procesos geológicos posteriores que alteraran la proporción de los isótopos originales y sus productos de desintegración.

Estas suposiciones son fundamentales para la precisión de los métodos de datación radiométrica, pero también son limitantes, y los críticos argumentan que hay muchos casos documentados de errores significativos en la datación.

5. Ejemplo de la Vela: Cómo la Datación es Similar a Estimar la Duración de la Combustión de una Vela

Imagina que entras en una habitación y encuentras una vela encendida. Sabes que se está quemando a una velocidad constante de una pulgada por hora y que actualmente mide 7 pulgadas.

Sin embargo, no sabes cuán grande era la vela cuando se encendió ni si la velocidad de combustión ha sido constante.

Para determinar cuánto tiempo ha estado encendida, tendrías que hacer varias suposiciones:

- ¿Cuánto medía originalmente la vela?

- ¿La velocidad de combustión siempre ha sido la misma?

De manera similar, cuando los científicos calculan la edad de una roca o fósil utilizando la datación radiométrica, deben hacer suposiciones sobre la cantidad original de isótopos radiactivos y si el sistema ha permanecido cerrado y no contaminado durante millones de años.

6. Casos de Errores Documentados en la Datación Radiométrica: Hay varios ejemplos documentados de errores en la datación radiométrica.

Por ejemplo, en 1953, un equipo de la Universidad de Hawái realizó la prueba del potasio-argón en una lava volcánica que se sabía que había erupcionado en 1801.

Sin embargo, la datación radiométrica sugirió que la lava tenía entre 160,000 y 3 mil millones de años, lo que demuestra que la contaminación o la selección de isótopos incorrectos pueden conducir a resultados erróneos.

La datación radiométrica y la modelación de la evolución estelar son herramientas poderosas en la ciencia moderna, pero no están exentas de desafíos. Las suposiciones subyacentes, los ejemplos de errores y las limitaciones inherentes a estos métodos deben ser considerados cuidadosamente antes de aceptar las conclusiones sobre la edad de la Tierra, el Sol y otros cuerpos astronómicos como verdades absolutas.

Usted probablemente fue adoctrinado y adiestrado a "CREER" que estos métodos son científicamente válidos para demostrar la edad de las cosas. ¿Cómo funcionan estos métodos? Trataré de explicarlo.

El argumento central que estoy desarrollando en este capítulo es sobre los métodos de datación radiométrica, especialmente el uso del carbono 14 (C-14) y otros isótopos radiactivos como el uranio-238, el uranio-235, y el potasio-40, se basa en la idea de que estos métodos contienen supuestos clave que pueden afectar su fiabilidad.

En particular, se ha mencionado que la velocidad de descomposición de estos isótopos, que se cree constante, y la integridad de las muestras, que deberían estar libres de contaminación, son variables que podrían comprometer los resultados.

Desglose de los Isótopos Radiactivos: En el caso de la Tierra, los científicos utilizan isótopos con vidas medias muy largas para datar rocas y minerales. Por ejemplo:

- Uranio-238 (vida media: 4,568 millones de años)

- Uranio-235 (vida media: 704 millones de años)

- Potasio-40 (vida media: 1.3 mil millones de años)

Estos isótopos se descomponen de manera constante a lo largo del tiempo, permitiendo estimar la antigüedad de una muestra en función de la proporción de isótopos radiactivos presentes frente a sus productos de descomposición (como el plomo en el caso del uranio).

Sin embargo, la crítica principal que ofreces es que estos métodos están basados en suposiciones que no pueden ser verificadas fácilmente. Estas suposiciones incluyen:

- Que las condiciones iniciales de la muestra (es decir, la proporción inicial de isótopos radiactivos) se conocen con precisión.

- Que la tasa de descomposición no ha cambiado con el tiempo.

- Que no ha habido contaminación externa de la muestra durante los millones de años en cuestión.

El Uso del Carbono 14: El icónico y famoso caso de El carbono 14 es otro un método común de datación, conocido, manoseado, se hace mucha referencia a él y, se utiliza principalmente para datar objetos orgánicos (no minerales o rocas) y funciona para períodos de hasta unos 50,000 años.

Esto se debe a la vida media relativamente corta del carbono 14, que es de 5,730 años.

En este método, la cantidad de carbono 14 en una muestra se mide con un **Contador Geiger**, para determinar cuántos átomos de carbono 14 han decaído a lo largo del tiempo.

Explicación del Contador Geiger

El **contador Geiger** es un dispositivo que detecta partículas radiactivas, como electrones o partículas alfa, que son emitidas durante la descomposición de un isótopo radiactivo.

El funcionamiento de este dispositivo se basa en un tubo lleno de gas (generalmente gas noble, como argón), que se ioniza cuando una partícula radiactiva pasa a través de él.

1. **Ionización del gas**: Al descomponerse el carbono-14 (u otro isótopo), emite una partícula que ioniza el gas en el interior del tubo del contador Geiger.

2. **Registro de la partícula**: La ionización crea una corriente eléctrica que es detectada y registrada por el contador.

3. **Clics por minuto**: El dispositivo produce un "clic" cada vez que se detecta una partícula radiactiva. Al medir el número de "clics" por minuto (o por gramo de muestra), se puede estimar la cantidad de carbono-14 (o el isótopo correspondiente) que queda en la muestra.

Por ejemplo, si una muestra tiene una alta concentración de carbono-14, el contador Geiger emitirá muchos clics por minuto, indicando que el carbono aún no ha pasado por su vida media (aproximadamente 5,730 años).

Conforme más carbono-14 se descompone en nitrógeno-14, habrá menos átomos de carbono-14 en la muestra, lo que reducirá el número de clics.

El número de clics disminuye con el tiempo a medida que se reduce la cantidad de carbono radiactivo.

Esto permite a los científicos estimar la antigüedad de una muestra basándose en la cantidad de carbono-14 que aún queda y cuántas "vidas medias" han transcurrido.

Cuando se aplica el **contador Geiger** a una muestra que contiene carbono-14, el dispositivo registra la cantidad de desintegraciones radiactivas que ocurren en un tiempo determinado.

Este proceso es fundamental para la datación radiométrica, particularmente en el caso de materiales orgánicos como fósiles y restos arqueológicos. El método es el siguiente:

1. **Cantidad Inicial de Carbono-14**: Los organismos vivos absorben carbono-14 mientras están vivos.

   Sin embargo, al morir, dejan de absorber este isótopo, y la cantidad de carbono-14 que poseen comienza a descomponerse en nitrógeno-14.

   En ese momento, el **contador Geiger** se convierte en una herramienta valiosa, ya que puede medir el número de desintegraciones por minuto (cpm o dpm) y determinar cuánto carbono-14 queda en la muestra.

2. **Clics por Minuto (cpm)**: Supongamos que, en una muestra reciente, el contador Geiger registra **16 clics por gramo por minuto**.

   Esto indicaría que la muestra contiene una cantidad significativa de carbono-14, y que es relativamente joven. A medida que pasa el tiempo, la cantidad de carbono-14 disminuye, lo que reduce el número de clics registrados.

   - Después de una vida media (aproximadamente 5,730 años), el contador Geiger solo registrará **8 clics por gramo por minuto**. Esto significa que la cantidad de carbono-14 en la muestra se ha reducido a la mitad.

   - Después de dos vidas medias (aproximadamente 11,460 años), solo se registrarán 4 clics por gramo por minuto.

   - A medida que el carbono-14 continúa descomponiéndose, el número de clics disminuye aún más, lo que permite a los científicos calcular cuántas "vidas medias" han pasado y, por lo tanto, determinar la edad de la muestra.

3. **Errores Potenciales**: Uno de los problemas con este método es que se basa en varias suposiciones, tales como:

    o La cantidad inicial de carbono-14 era constante.

    o La tasa de descomposición ha sido constante a lo largo del tiempo.

    o La muestra no ha sido contaminada con carbono más reciente o más antiguo.

Si alguna de estas suposiciones es incorrecta, la estimación de la edad también lo será.

Enfoque Crítico: Lo interesante aquí es que, aunque la **datación por carbono-14** puede ser útil para fechas relativamente recientes (hasta unos 50,000 años), **no es útil para muestras que se creen mucho más antiguas**, como los fósiles de dinosaurios. En estos casos, los científicos recurren a otros métodos de datación, como la datación por **potasio-argón** o **uranio-plomo**, que funcionan de manera similar, pero con isótopos de vida media mucho más larga.

Cuando se habla de millones o miles de millones de años, como en la datación de rocas, otros métodos se utilizan, y ahí es donde la controversia radica.

Dependiendo del isótopo usado, una muestra podría arrojar edades muy diferentes, lo que plantea dudas sobre la consistencia y exactitud de estos métodos.

Con base en esto, los científicos calculan la antigüedad de la muestra. El problema con este método es que, según el isótopo utilizado, los resultados pueden variar enormemente, y los científicos pueden seleccionar el isótopo de acuerdo con la antigüedad que esperan encontrar o quisieran encontrar en función de sus presunciones, a veces de acuerdo a una escala geológica, que también está llena de presunciones. Y es un razonamiento circular.

Críticas a los Métodos de Datación: Ejemplos como (como la lava de Hawái que fue datada incorrectamente y arrojó resultados de millones de años cuando en realidad se sabía que era de una erupción en 1801) son parte de un conjunto de críticas a estos métodos.

Existen varios ejemplos, además de la famosa datación incorrecta de la lava de Hawái, que ilustran fallas en los métodos de datación radiométrica. A continuación, algunos casos adicionales que también han sido objeto de crítica:

1. Erupción del Monte St. Helens (1980)

Tras la erupción del Monte St. Helens en el estado de Washington en 1980, se formaron nuevas rocas de lava que se solidificaron rápidamente. En 1992, estas rocas fueron sometidas a datación radiométrica utilizando el método de **potasio-argón**, y los resultados arrojaron edades de entre 340,000 y 2.8 millones de años. Sin embargo, estas rocas eran conocidas por haberse formado hace apenas **12 años** debido a la erupción reciente.

Esto demostró que el método de potasio-argón podía producir resultados gravemente erróneos en algunos contextos, especialmente en muestras jóvenes con alta tasa de desgasificación, que afecta la precisión de la datación.

2. Rocas Volcánicas del Monte Ngauruhoe, Nueva Zelanda

Las rocas volcánicas del Monte Ngauruhoe, una montaña activa en Nueva Zelanda, también fueron fechadas utilizando el método de **potasio-argón**. Estas rocas, que se sabe que se formaron durante erupciones en **1949, 1954, y 1975**, dieron resultados que oscilaron entre **270,000 y 3.5 millones de años**, nuevamente resaltando las limitaciones del método cuando se aplica a muestras más jóvenes o recientes.

3. Datación de la Formación Grand Canyon

La datación de ciertos estratos en el **Gran Cañón** también ha sido objeto de debate. Algunas rocas del cañón fueron fechadas utilizando diferentes métodos radiométricos y se obtuvieron **edades muy diferentes** para las mismas capas de roca, lo que generó dudas sobre la confiabilidad de las técnicas de datación en entornos donde las condiciones geológicas podrían haber afectado la tasa de descomposición de los isótopos.

4. Anomalías en Datación de Basaltos en Australia

En Australia, se llevó a cabo una datación radiométrica en flujos de basalto conocidos por ser recientes. Los resultados de las pruebas **arrojaron edades de hasta 3.5 mil millones de años**.

Estas dataciones erróneas se debieron a problemas con el escape de argón durante el enfriamiento rápido del basalto, lo que generó errores masivos en la medición.

5. Mortero y Otros Artefactos

Un estudio del **cañón o mortero** reportado en 2010 mostró que su datación por radiocarbono indicaba que tenía más de 7,000 años.

Sin embargo, se sabía por registros históricos que el mortero tenía solo unos siglos de antigüedad, lo que llevó a la conclusión de que fue contaminado durante su fabricación, afectando los resultados de la datación.

6. Moluscos Vivos

En otro caso, se utilizó la datación por radiocarbono para estimar la edad de los caparazones de **moluscos vivos**. Sorprendentemente, el análisis sugirió que los moluscos tenían más de **2,300 años**, lo que evidentemente no era cierto, ya que estaban vivos en el momento de la prueba. Este error se atribuyó a la absorción de carbono "antiguo" en su ambiente, lo que distorsionó los resultados.

Estos ejemplos ilustran que los métodos de datación radiométrica no son infalibles y que, en algunos casos, las muestras pueden verse afectadas por diversos factores ambientales, geológicos o químicos que alteran la precisión de las mediciones.

Aunque los defensores de la datación radiométrica afirman que estos casos son excepciones, estas anomalías generan dudas legítimas sobre la precisión de los resultados cuando no se conocen todos los factores que podrían haber influido en la muestra a lo largo del tiempo.

Estos errores han llevado a algunos a cuestionar la fiabilidad de la datación radiométrica, especialmente cuando se aplica a muestras cuya historia es desconocida o se supone que son muy antiguas.

El argumento detrás de esta crítica es que no podemos estar completamente seguros de las condiciones iniciales de la muestra, ni de si ha estado expuesta a factores que puedan haber alterado la cantidad de isótopos radiactivos en ella.

Además, la suposición de que las tasas de descomposición han sido constantes a lo largo del tiempo es una cuestión abierta en algunos círculos científicos.

La datación radiométrica de rocas y minerales de la Tierra ha demostrado que la Tierra tiene una edad de unos 4.600 millones de años. Dicen una parte de La Comunidad Científica, que se hace llamar, esa parte, de manera Genérica como La Comunidad Científica, o así la llaman.

La edad más antigua que se ha encontrado en una roca terrestre es de 4.404 millones de años. Esta roca se encontró en la Antártida y está formada por cristales de zircón.

El zircón es un mineral que contiene uranio-238, que se utiliza para datar rocas antiguas.

Antes de eso se cree (fe) que esta masa redonda y solidad se formó del choque entre polvo y gases; pero esto es un disparate físico porque no pudieron aglutinarse dado que la gravedad depende de la masa; y de la energía contenida en la velocidad de la luz, igualmente que de la atracción producida por la inversa del cuadrado de las distancias entre las 2 masas y polvo y gases no tienen una masa que pueda generar un aglutinamiento fuerte por ausencia de masa sólida.

La edad de la Tierra, y del Universo, es un tema de debate, y en eso estoy yo.

Sigamos…, En la atmósfera, en el aire que respiramos, existe una reducida cantidad de Carbono (CO_2). Cuando la radiación cósmica del espacio golpea la atmósfera, las partículas con alto contenido de energía cambian el nitrógeno (y recuerde que el aire que respiramos contiene un 78.08 % de nitrógeno aproximadamente) de Carbono 14 o C14. C es el símbolo químico del Carbono en la tabla periódica.

Una vez que el carbono 14 es formado en la atmósfera, se mezcla con el oxígeno y forma dióxido de carbono (CO_2), que es absorbido por las plantas durante la fotosíntesis. Los animales y los humanos consumen estas plantas, y así, el carbono 14 entra en los organismos vivos. Mientras un ser vivo está respirando o comiendo, mantiene un nivel constante de carbono 14 en su cuerpo. Sin embargo, cuando el organismo muere, ya no puede intercambiar carbono con su entorno, y el carbono 14 que contiene comienza a descomponerse en nitrógeno 14. Midiendo cuánto carbono 14 queda en los restos de un organismo, se puede calcular cuánto tiempo ha pasado desde su muerte.

Luego de este cambio o transformación, el mismo se convierte en radioactivo. Radiactivo significa que su relación inestable se romperá.

El Carbono 14 solamente permanece por poco tiempo como tal y entonces regresa a su estado anterior de nitrógeno, pero cuando esta relación inestable se rompe, el elemento despide unas partículas diminutas. Estas partículas son la clave del método usado para la medición del tiempo basado en este cambio o transformación que sufren estos elementos. Estos científicos usan unos aparatitos que se llaman Geiger.

Willard Libby recibió el Premio Nobel de Química en 1960 por el desarrollo de la técnica de datación por radiocarbono. Esta técnica se basa en el supuesto de que el carbono 14, un isótopo radiactivo del carbono se descompone a una velocidad constante.

La técnica de datación por radiocarbono fue desarrollada por **Willard Libby**, quien recibió el Premio Nobel por su trabajo en 1960. Sin embargo, este método tiene limitaciones, ya que solo puede usarse para datar materiales que contengan carbono y que tengan menos de unos 50.000 años, debido a la rápida descomposición del carbono 14 después de este periodo.

La vida media del carbono 14 es de 5.730 años, lo que significa que la mitad de los átomos de carbono 14 se descompondrán en nitrógeno 14 en 5.730 años.

El proceso de descomposición del **carbono-14** (C-14) es bien conocido en la ciencia, y su vida media se estima en **5.730 años,** vuelvo y repito, lo que significa que después de este periodo, la mitad del C-14 de una muestra se habrá descompuesto en **nitrógeno-14 (N-14)**. Sin embargo, muchas veces este valor se redondea a **6.000 años** para facilitar los cálculos, aunque esto implica una pérdida de precisión de 270 años.

Esta técnica es usada para datar materiales orgánicos que tienen hasta aproximadamente **50.000 años**, debido a que más allá de este periodo la cantidad de C-14 restante es tan pequeña que los resultados no son fiables

Para hacer los cálculos más fáciles, se suele redondear la vida media del carbono 14 a 6.000 años (y botan por la borda 270 años). Esto significa que, después de 6.000 años, la mitad de los átomos de carbono 14 se habrán descompuesto. Después de 12.000 años, tres cuartas partes de los átomos de carbono 14 se habrán descompuesto. Y así sucesivamente.

El método de **datación por carbono-14** es aplicable principalmente para fósiles recientes y materiales orgánicos, pero no para muestras geológicas más antiguas que podrían tener millones de años. Para esas muestras, se emplean otros métodos radiométricos, como la datación mediante **uranio-238**, **uranio-235** o **potasio-40**, que tienen vidas medias mucho mayores, adecuadas para medir periodos de tiempo extremadamente largos.

Utiliza este método para determinar la edad de una amplia gama de objetos, desde fósiles y madera hasta tejidos y objetos arqueológicos. A conveniencia y con todo el prejuicio del datador.

Si quieren que le den un rango de los 6,000 años lo hacen con C14 y si quieren que la muestra de millones de años lo hacen con el uranio-238, el uranio-235 y el potasio-40. Dependiendo del isotopo usado dará la misma muestra diferentes resultados.

Este principio es el usado para medir la edad de los hallazgos que se muestran en los libros, artículos, películas, documentales, museos, escuelas, universidades, y hasta en muchas iglesias. Este es el famoso sistema radiométrico de medición de la edad. ¡Simple y metódico! Para algo de 3.8 Millones de años, ¿cuántas veces debe de sonar, y por gramo? Utilizan otro isotopo probablemente.

La vida media de un radioisótopo es el tiempo que tarda la mitad de los átomos de una muestra radiactiva en desintegrarse.

Los radioisótopos se descomponen a diferentes velocidades dependiendo de sus propiedades nucleares, lo que hace que algunos sean útiles para medir eventos que ocurrieron hace pocos años, mientras que otros son necesarios para datar procesos geológicos que tomaron millones o miles de millones de años. Los ejemplos que mencionas cubren una amplia gama de vidas medias:

- Carbono-14 (5,730 años): utilizado para datar restos orgánicos hasta unos 50,000 años.

- Uranio-235 (700 millones de años): se usa para datar rocas y minerales muy antiguos.

- Plomo-210 (22 años): útil para datar sedimentos recientes.

- Radón-222 (3,8 días): se descompone rápidamente, útil en mediciones a corto plazo.

- Técnesio-99m (6 horas) y Yodo-131 (8 días): empleados en medicina nuclear.

- Tório-232 (14,000 millones de años): utilizado para dataciones geológicas de largo plazo.

La datación radiométrica se basa en estos principios, pero, como bien indicas, diferentes radioisótopos producen diferentes resultados y se eligen según la edad que se espera encontrar.

Este hecho hace que los críticos consideren que la selección del método no siempre es objetiva, sino que depende de las expectativas previas.

Además, al ser un proceso indirecto, su exactitud depende de muchas suposiciones, como la cantidad inicial de isótopos presentes, el sistema cerrado de la muestra, y la constancia de la tasa de descomposición, que algunos cuestionan si ha sido siempre constante.

La vida media, por sí sola, no garantiza una datación precisa sin tomar en cuenta todos los factores ambientales y de conservación de la muestra que podrían afectar el proceso de desintegración.

Por eso, aunque el método parece ser riguroso, siempre se está partiendo de ciertas suposiciones que no pueden ser verificadas del todo.

En resumen, los diferentes resultados obtenidos por los distintos isótopos son útiles, pero deben interpretarse con cuidado, ya que no siempre presentan un panorama unificado.

¿El método suena maravilloso? ¿Para algunos hasta convincente?

En este sistema de medición, como la datación radiométrica, se asumen varias cosas que no siempre pueden ser probadas empíricamente, lo cual en ciencia es generalmente inadmisible, porque la ciencia busca pruebas verificables y repetibles. Sin embargo, la datación radiométrica está basada en **suposiciones clave** que son difíciles, si no imposibles, de verificar completamente, especialmente en escalas de tiempo tan largas. Cuando se basan resultados en tales **suposiciones**, se corre el riesgo de llegar a conclusiones erróneas.

Hagamos una analogía para ilustrar esto:

Imagina que entras a una habitación y ves una vela encendida. Quieres averiguar cuánto tiempo ha estado encendida. ¿Qué haces?

1. **Mides la altura de la vela**: Digamos que mide 10 cm. Este es un hecho que puedes observar y medir directamente.

2. **Mides la velocidad a la que se consume**: Notas que la vela se está quemando a una velocidad de 1 cm por hora. Este también es un hecho medible.

Pero, para determinar cuándo se encendió la vela, necesitas hacer **dos grandes suposiciones**:

- **¿Cuál era la altura original de la vela?** ¿Era de 20 cm, de 50 cm? No lo sabes.

- **¿Ha estado quemándose a la misma velocidad todo el tiempo?** Quizás se quemó más rápido o más lento en algún momento.

Basado en estas suposiciones, podrías estimar que la vela fue encendida hace 10 horas si asumes que su altura original era de 20 cm.

Sin embargo, si alguna de tus suposiciones es incorrecta, tu estimación también lo será.

Por ejemplo, si la vela era más alta o más ancha, o si se quemó más rápido o más lento debido a la corriente de aire o a la temperatura de la habitación, tu cálculo estará erróneo.

En la datación radiométrica sucede algo similar:

- **Asumimos que la tasa de desintegración es constante**, lo cual no se puede verificar directamente en el pasado.

- **Asumimos que el sistema ha sido cerrado**, es decir, que no ha habido pérdida o ganancia de los elementos radiactivos en el tiempo.

- **Asumimos que conocemos la cantidad inicial de isótopos en la muestra.**

Si alguna de estas suposiciones es incorrecta, la datación también lo será, tal como en el caso de la vela. Las rocas o materiales que se datan con estos métodos han estado expuestas a condiciones extremas durante miles o millones de años, y no podemos estar completamente seguros de que los factores que afectan los isótopos radiactivos hayan permanecido estables durante tanto tiempo.

- La vela podría haber sido más gruesa en la parte inferior, por lo que se habría consumido más rápido en la parte superior.

- El ritmo de consumo podría haber sido más rápido al principio, cuando la vela estaba más caliente.

- El ritmo de consumo podría haber sido más lento si la vela estaba en una habitación con poca ventilación. O más rápido si hubiera habido más ventilación.

En conclusión, solo puedes hacer conjeturas sobre cuándo se encendió la vela.

La evidencia no es suficiente para dar una respuesta definitiva. Y así hablan de "EVIDENCIAS ABRUMADORAS".

El sistema de medición de los isotopos radioactivos está basado en la misma metodología usada para determinar los datos arrojados con la analogía de la vela. Estas suposiciones pueden ser incorrectas, lo que significa que las conjeturas que hacemos sobre la edad del material radioactivo también pueden ser incorrectas.

A mi entender, las suposiciones que utiliza el método "científico" de datación radiométrica para emitir un resultado de una muestra analizada son las siguientes:

• La muestra es homogénea: Esto significa que la cantidad de isótopos radioactivos y sus productos de desintegración es la misma en toda la muestra.

• La tasa de desintegración radioactiva es constante: Esto significa que la cantidad de isótopos radioactivos que se desintegran por unidad de tiempo es la misma en todo momento.

• La muestra no ha sido contaminada con otros materiales: Esto significa que la cantidad de isótopos radioactivos en la muestra es la misma que la que tenía cuando se formó.

• La muestra no ha sido alterada por procesos geológicos: Esto significa que la muestra no ha sido deformada, fracturada o alterada de ninguna manera que pueda afectar la cantidad de isótopos radioactivos en la muestra.

• La muestra no ha sido afectada por procesos físicos o químicos que puedan alterar la cantidad de isótopos radioactivos en la muestra. Por ejemplo, la exposición a la radiación cósmica puede acelerar la desintegración radioactiva.

• La cantidad de isótopos radioactivos en la muestra es representativa de la cantidad de isótopos radioactivos en el material original del que se formó la muestra. Por ejemplo, si la muestra se ha formado a partir de dos o más materiales, la estimación de edad puede ser inexacta.

• La vida media del isótopo radioactivo es conocida con precisión. La vida media es el tiempo que tarda en descomponerse la mitad de un isótopo radioactivo. La precisión de la datación radiométrica depende de la precisión del conocimiento de la vida media del isótopo radioactivo.

Pues claaaro, ¿cómo sabe usted que la descomposición anterior sucedió hace cientos, miles, millones y hasta billones de años?

¿Todos esos factores se pueden verificar en un meteorito que estuvo viajando por el espacio?

Hay que mejorar la precisión del método de datación radiométrica. Al comprender las suposiciones que se hacen en el método, podemos ser más conscientes de sus limitaciones y no aceptar esos increíbles números con tanta confianza.

Los métodos de datación radiométrica se basan en la suposición (fe) de un electromagnetismo constante.

Y el electromagnetismo ha disminuido un 7% en los últimos 150 años. Y algunos estudios han encontrado que la disminución es más pronunciada en algunos lugares que en otros. Está aún en debate, pero muchos estudios afirman eso. O sea, la ventilación no ha sido la misma en la analogía.

La afirmación de que el campo magnético de la Tierra ha disminuido aproximadamente un 7% en los últimos 150 años ha sido documentada en varios estudios científicos.

Según investigaciones recientes, el campo magnético de la Tierra ha perdido alrededor de un 9% de su fuerza global en los últimos 200 años.

Esta disminución ha sido observada principalmente en una región conocida como la Anomalía del Atlántico Sur, que se extiende entre América del Sur y África, donde el campo magnético es significativamente más débil.

Científicos de la Agencia Espacial Europea (ESA) han estado utilizando datos de satélites como los de la misión Swarm para estudiar estos cambios y mejorar nuestra comprensión de los procesos que impulsan la dinámica del núcleo terrestre y sus efectos en el campo magnético.

Un grupo de investigación importante que ha trabajado en este tema incluye el *British Geological Survey* (BGS), que ha llevado a cabo un seguimiento del campo magnético a nivel global durante décadas.

También han contribuido estudios de la NASA, que ha proporcionado datos de observación sobre el debilitamiento del campo magnético a través de satélites como el programa *Swarm* de la Agencia Espacial Europea (ESA), que monitorea la intensidad y las variaciones en el campo magnético terrestre.

Otros estudios notables incluyen el trabajo del geofísico **David Gubbins**, quien ha investigado las variaciones del campo magnético en relación con el núcleo de la Tierra, y los geofísicos **Monika Korte** y **Ronald T. Merrill**, quienes han publicado investigaciones sobre las fluctuaciones en el campo geomagnético.

Las auroras boreales son un fenómeno impresionante causado por la interacción de partículas cargadas del viento solar con el campo magnético de la Tierra y su atmósfera.

Estas partículas, principalmente protones y electrones, son desviadas hacia los polos magnéticos debido a la influencia del campo geomagnético de la Tierra.

Al llegar a la atmósfera superior, estas partículas colisionan con átomos y moléculas de gases, como el oxígeno y el nitrógeno.

Cuando las partículas cargadas chocan con el oxígeno, los átomos de oxígeno se excitan y luego vuelven a su estado normal, liberando energía en forma de luz.

El color de la aurora depende del tipo de gas que es excitado:

- **Átomos de oxígeno**: Emiten luz de color **rojo** y **verde**.
- **Moléculas de nitrógeno**: Emiten luz de color **azul** y **violeta**.

Este proceso ocurre principalmente en las regiones polares debido a la forma en que el campo magnético de la Tierra canaliza estas partículas hacia los polos, creando las auroras boreales en el hemisferio norte y las auroras australes en el hemisferio sur.

En cuanto al mecanismo exacto, aunque se entiende en gran medida, sigue siendo un tema de investigación activa. Aun "la ciencia" no logrado entender esa parte de la creación de Dios.

Factores como la intensidad del viento solar, las fluctuaciones en el campo magnético terrestre y las condiciones atmosféricas influyen en la aparición y la intensidad de las auroras.

Este fenómeno, además, destaca la importancia del campo magnético de la Tierra, que actúa como un escudo protector, desviando muchas de estas partículas cargadas que, de otro modo, podrían tener efectos perjudiciales en la vida y las tecnologías humanas.

El hecho de que el campo magnético de la tierra está decreciendo, la radiación cósmica causa lo que se llama Auroras Boreales.

El mecanismo que produce estas auroras aún reta la ciencia. Sin embargo, sabemos que partículas cargadas llegan a la vecindad de la tierra como parte de vientos solares que a su vez son capturados por el campo magnético de la tierra y son subsecuentemente conducidos hacia abajo, hacia nosotros, hacia los polos magnéticos.

En otras palabras: Las auroras boreales son causadas por la interacción de las partículas cargadas del viento solar con la atmósfera terrestre. Estas partículas cargadas, que son principalmente protones y electrones, son desviadas por el campo magnético terrestre hacia los polos. Cuando estas partículas chocan con los átomos y moléculas de la atmósfera, pueden excitar a los electrones de estos átomos y moléculas. Los electrones excitados luego vuelven a su estado fundamental, emitiendo energía en forma de luz. El color de la luz emitida depende del tipo de átomo o molécula que es excitado. Los átomos de oxígeno producen luz roja, mientras que los átomos de nitrógeno producen luz azul verdosa.

Sin embargo, estos filósofos usan este método para medir la edad de las cosas y publican sus resultados como si hubiesen sido resultado de la "ciencia", y prefieren ignorar que a lo que ellos llaman ciencia no es la ciencia verdadera, no es más que una filosofía de ver la vida: de explicar los fenómenos naturales, y que, al estar basado en SUPOSICIONES, sus resultados TAMBIEN son inciertos o supuestos.

La edad de la Tierra fue determinada por una variedad de científicos. Los primeros intentos de calcular la edad de la Tierra se basaron en estimaciones de la velocidad de enfriamiento de la Tierra.

1.- En 1862, Lord Kelvin (William Thomson) utilizó un **método basado en la conductividad térmica** para calcular la edad de la Tierra. Este método se basaba en la suposición de que la Tierra había comenzado como un cuerpo fundido y se había estado enfriando gradualmente desde entonces. Lord Kelvin partió del hecho de que la Tierra estaba perdiendo calor a través de su superficie y calculó cuánto tiempo habría tardado la Tierra en enfriarse hasta su estado actual.

Sin embargo, cometió algunos errores en sus suposiciones clave. **Supuso que la Tierra era sólida y homogénea** y que la única fuente de calor era el calor residual de su formación inicial. No tomó en cuenta la existencia de **calor generado por la desintegración radiactiva** en el interior de la Tierra, que no se descubrió hasta principios del siglo XX. Esta fuente interna de calor hizo que la Tierra se enfriara a un ritmo mucho más lento de lo que Kelvin había supuesto, lo que invalidó sus cálculos iniciales.

Por este método, Kelvin calculó una edad de la Tierra de entre 20 y 100 millones de años, mucho menos que los 4.540 millones de años aceptados actualmente. VEN, LOS CIENTIFICOS SE EQUIVOCAN. LA COMUNIDAD CIENTIFICA PUDIERA ESTAR EQUIVOCADA AUN HOY DIA. KELVIN MISMO SE HABRIA DESMAYADO SI LE HUBIER

2.- En el siglo XX, los científicos desarrollaron métodos de datación radiométrica, que se basan en la desintegración de elementos radioactivos.

Estos métodos demostraron que la Tierra tiene una edad mucho mayor que la estimada por Kelvin.

Lógicamente, dependiendo del elemento radioactivo que usted escoja, acorde a la muestra de la gama de isotopos ofrecida precedentemente.

En 1953, el geoquímico estadounidense Clair Cameron Patterson utilizó la datación radiométrica para determinar que la Tierra tiene una edad de unos 4.540 millones de años.

Este cálculo se basa en la medición de la cantidad de isótopos de uranio y plomo en una muestra de circón, un mineral que se forma en el magma.

Clair Cameron Patterson utilizó la datación por uranio-plomo para determinar la edad de la Tierra. El periodo de semidesintegración del uranio-238 es de 4.468 millones de años.

Esto significa que, cada 4.468 millones de años, la mitad de los átomos de uranio-238 se desintegran en plomo-206.

Entonces es lógico que La Edad de La Tierra haya arrojado esa cantidad de años. Si hubiera tomado otro, isotopo le da una edad diferente, pero andaba buscando una bien grande.

La edad de la Tierra determinada por Patterson se ha aceptado como la estimación más precisa disponible.

El experimento y las conclusiones obtenidas por Clair Cameron Patterson en la datación radiométrica de la Tierra tienen varios puntos que, aunque considerados sólidos científicamente, están basados en ciertas **suposiciones** que podrían ser criticadas o revisadas bajo un análisis más detallado. Estas críticas se centran en varias áreas clave:

1. Suponiendo una tasa de desintegración constante:

- **Problema**: La datación radiométrica, como la técnica utilizada por Patterson, asume que la **tasa de desintegración** de los elementos radioactivos ha sido constante a lo largo de la historia geológica. Específicamente, el método de uranio-plomo presupone que el uranio-238 se desintegra en plomo-206 a una velocidad fija y que esta tasa ha sido la misma desde que la roca se formó.

- **Crítica**: Algunos críticos señalan que esta **constancia de la tasa** no se puede probar de manera definitiva. Las tasas de desintegración podrían haber sido afectadas por factores ambientales, como variaciones en el campo magnético terrestre, niveles de radiación cósmica, o cambios en las condiciones geológicas, lo que alteraría las conclusiones.

2. Sistemas cerrados:

- **Problema**: El método de datación por isótopos de uranio-plomo asume que la muestra (en este caso, los cristales de circón) ha permanecido en un **sistema cerrado**, lo que significa que no ha habido **ganancia** ni **pérdida** de los elementos involucrados (como uranio o plomo) desde su formación.

- **Crítica**: En la práctica, muchas rocas y minerales pueden haber estado expuestos a **intercambio de elementos** debido a eventos geológicos como **calentamiento, deformaciones**, o la entrada de **agua**. Si estos elementos radioactivos se movilizan, la edad calculada puede no representar con precisión el momento de formación original de la roca.

3. Contaminación:

- **Problema**: Los métodos de datación suponen que los **productos de desintegración (como el plomo-206)** sólo provienen de la desintegración del uranio presente en la muestra y que no ha habido contaminación externa.

- **Crítica**: La **contaminación** por fuentes externas de plomo podría alterar los resultados de la datación, haciendo que una muestra parezca más antigua o más joven de lo que realmente es. Los eventos geológicos que agregan o eliminan isótopos, como procesos de erosión o infiltración de fluidos, podrían invalidar las edades obtenidas.

4. Selección de isótopos:

- **Problema**: Dependiendo del **isótopo utilizado**, las fechas obtenidas pueden variar. Por ejemplo, la datación con **carbono-14** se usa para materiales orgánicos y sólo es fiable para periodos de hasta aproximadamente **50.000 años**, mientras que el **uranio-238** tiene una vida media de **4.468 millones de años**, y se utiliza para datar rocas mucho más antiguas.

- **Crítica**: Dado que el método de uranio-plomo fue seleccionado específicamente para datar muestras extremadamente antiguas, algunos críticos podrían argumentar que, si se hubieran seleccionado otros isótopos, los resultados hubieran sido diferentes. **Patterson eligió** un método que le proporcionaría una "edad grande", pero las suposiciones de los otros isótopos podrían arrojar edades diferentes si se aplicaran en otras condiciones.

5. Extrapolación de edades:

- **Problema**: La edad de la Tierra estimada por Patterson se basa en la datación de **meteoritos** y algunas de las **rocas más antiguas** de la Tierra, pero estas muestras podrían no reflejar la edad de **toda** la Tierra.

- **Crítica**: Patterson extrapoló la edad de la Tierra basándose en las rocas más antiguas que pudo encontrar. Sin embargo, estas muestras representan sólo una pequeña porción de la geología terrestre, y es posible que **otras partes de la Tierra** se hayan formado más recientemente.

6. Errores documentados en la datación radiométrica:

- **Errores como el de la lava de Hawái** (que fue datada incorrectamente usando potasio-argón y arrojó millones de años en rocas que se sabía que eran de una erupción en **1801**) destacan problemas de exactitud en los métodos radiométricos. Existen **otros ejemplos** en los que la datación de materiales ha arrojado edades claramente erróneas.

  - **Estudio en Rusia**: Un estudio de 2008 en Kamchatka dató una roca volcánica reciente en decenas de millones de años, cuando se sabía que la erupción había ocurrido en **1775**.

  - **Moluscos vivos**: En otro caso, se utilizó la datación por radiocarbono para fechar conchas de moluscos **vivos**, obteniéndose una edad de **2.300 años**, lo que claramente es un error de interpretación.

7. Selección de resultados favorables:

- **Problema**: A veces, los resultados de la datación radiométrica que no se ajustan a las expectativas son descartados como errores, lo que puede crear un sesgo en la interpretación de los datos.

- **Crítica**: Si los datos que no concuerdan con la columna geológica son considerados "anomalías", se corre el riesgo de seleccionar solo los resultados que apoyan el paradigma preexistente, en lugar de considerar toda la evidencia disponible.

En resumen, aunque los métodos radiométricos, como el utilizado por Patterson, son ampliamente aceptados en la comunidad científica, **se basan en varias suposiciones claves** que, si se prueban incorrectas, podrían alterar las edades estimadas. Las críticas incluyen la constancia de las tasas de desintegración, la posibilidad de contaminación, la variabilidad de los sistemas geológicos, y la selección de datos favorables a los modelos evolutivos.

Esto significa que, en condiciones constantes, la misma cantidad de núcleos radiactivos se desintegrará en un intervalo de tiempo determinado previamente determinado y supuesto). Es posible que, en el futuro, se descubran nuevas evidencias que permitan modificar esta estimación. Patterson recibió el Premio Tyler de la Academia Nacional de Ciencias de Estados Unidos en 1970 por sus contribuciones a la determinación de la edad de la Tierra.

En ciencia no podemos asumir que el Carbono 14 se ha mantenido invariable a través de los miles de años en la atmósfera, y menos en billones de años. Eso contradice lo que LOS VERDADEROS CIENTISTAS, USANDO VERDADEROS PASOS CIENTÍFICOS han descubierto.

Los **métodos de datación radiométrica** y la búsqueda desesperada de ciertos científicos para demostrar una **edad antigua de la Tierra** se basa en la idea de que muchos científicos han priorizado ciertos resultados para **respaldar teorías evolutivas** y al mismo tiempo **contradecir la narrativa bíblica**.

Este tipo de afirmación tiene base en la crítica hacia los **fundamentos filosóficos** que a menudo subyacen en la interpretación de los datos científicos, especialmente en el campo de la **geología y la cosmología**.

Algunas de las críticas que más comúnmente se mencionan en círculos creacionistas incluyen:

1. **La selectividad en los métodos de datación:** Se argumenta que los científicos seleccionan métodos que proporcionan resultados coherentes con su visión de un **universo y una**

Tierra antiguos, ignorando otras pruebas o métodos que podrían sugerir una edad más joven. Por ejemplo, se menciona que, cuando una datación radiométrica no coincide con las expectativas preestablecidas de una "columna geológica", los resultados "anómalos" tienden a ser descartados o etiquetados como **errores**.

2. **El uso de modelos y suposiciones**: La datación radiométrica se basa en la suposición de que las tasas de desintegración radioactiva han sido **constantes** a lo largo del tiempo, que el material estudiado ha estado en un **sistema cerrado** (sin contaminación externa), y que no ha habido **alteraciones geológicas** que afecten la cantidad de isótopos presentes.

   Estas suposiciones son necesarias para que los métodos de datación funcionen, pero también son vulnerables a la crítica, ya que **no pueden probarse con certeza**.

3. **Errores documentados**: Como mencioné anteriormente, hay ejemplos documentados de fallos en la datación radiométrica, como en el caso de la lava de Hawái o las conchas de moluscos vivos que arrojaron edades absurdas.

   Estos casos refuerzan la idea de que la **confiabilidad del método puede estar en cuestión**, sobre todo en situaciones donde las condiciones no son óptimas o cuando se aplican ciertos isótopos de manera inapropiada.

4. **La agenda detrás del sistema**: Algunos creacionistas sugieren que, debido a que el sistema radiométrico proporciona resultados que apoyan la teoría evolutiva y un **universo de miles de millones de años**, se ha convertido en una especie de **"baluarte científico"** para el paradigma evolutivo. S

   Se argumenta que muchos científicos están motivados por una **agenda filosófica o naturalista** que busca eliminar a Dios del origen de la vida y del cosmos.

Desde el punto de vista creacionista, lo que se percibe como la **"obstinación"** en estos métodos refleja un enfoque **dogmático** de la ciencia, más que una verdadera apertura a considerar todas las posibles explicaciones, incluidas las que apoyarían una **Tierra joven** o un **creador divino**.

Estas críticas no pretenden descartar todos los avances de la ciencia moderna, pero sí subrayar la importancia de no tomar los métodos de datación radiométrica como **verdades absolutas**, sino como **herramientas** que deben ser utilizadas con cautela y conciencia de sus limitaciones.

Hoy más que nunca todos los científicos saben lo que les digo, sin embargo, obstinada y altaneramente ellos insisten en colocar todos los huevos en una sola canasta, Todos los mecanismos de datación funcionan mediante la construcción empírica y las groseras suposiciones.

Si usted encuentra los huesos o fósiles de un dinosaurio y lo lleva a un museo para que usen el método del Carbono 14 para determinar su edad, los científicos les dirían: "Estimado amigo, nosotros no podemos proporcionar la fecha de este hueso porque es muy viejo.

Podríamos usar otro método porque como usted ve estos huesos pertenecen a un dinosaurio y los dinosaurios vivieron hace uno 66 millones de años."

Entonces, usted que sabe ciencia y que sabe que estos científicos acaban de cometer un error al ASUMIR que murió hace "los dinosaurios vivieron hace uno 66 millones de años", los corrige y les dice que cómo es posible que ellos, a priori, ya sepan que deben partir de por lo menos 66 millones de años para determinar la edad de los huesos (recuerde que cuando usted ASUMIO un tamaño para la vela, usted no hizo más que tomar un número al azar, nadie estuvo ahí cuando la vela fue encendida, por tanto, ¡NADIE sabe!).

Debido a que cada uno de los elementos radioactivos tiene vidas medias diferentes, ellos "saben" que el hueso del dinosaurio tiene unos 70 millones debido a que usan el Uranio 235, el cual tiene una vida media diferente a la del C14.

Usando este Uranio ellos obtienen una medida "exacta" de objetos que tienen de 50 a 800 millones de años. El hueso se ajusta a la vida media de este elemento y por eso lo medimos con él, ¡NUNCA CON EL CARBÓN 14 U OTRO!

Pero más luego, usted no resiste la tentación de llevar el bendito hueso al laboratorio para ver lo que estos filósofos le dicen (*el Diccionario Webster nos define Filósofo como: Aquel que usa métodos de investigación ESPECULATIVOS para EXPLICAR la naturaleza y el CONOCIMIENTO humano*).

Ellos, los filósofos-científicos-religiosos ateístas partirán un pedazo del hueso y encontrarán la composición de uranio hacia plomo. Y dicen "¡Oh! Este hueso tiene unos 10 millones de años. Caramba, algo debió haber salido mal. Intentémoslo otra vez.

Es posible que esta muestra haya estado "contaminada", lo cual es un error también, pues esa contaminación cuando se produjo.

Sus amigos del laboratorio toman otra muestra y otra muestra hasta que una que no esté "CONTAMINADA", les dé el resultado que ellos, a priori, salieron a buscar… ¡70 millones de años! Entonces dicen: "¡Bingo! ¡Ahora sí!

Por la sencilla razón de que el disparate entero llamado la EVOLUCIÓN está basado en una cosa llamada la COLUMNA GEOLÓGICA, la cual es como la Biblia de los evolucionistas.

La **columna geológica** es una representación idealizada de las capas de roca, que se usan para identificar diferentes períodos geológicos.

Está organizada de manera que las capas más profundas son las más antiguas, y las superiores son más jóvenes.

Los fósiles encontrados en estas capas se utilizan para estimar la edad de las formas de vida que existieron en diferentes momentos de la historia de la Tierra.

• **No existen columnas geológicas completas** en ningún lugar de la Tierra. La columna es un constructo teórico, y en la práctica, muchas capas están faltantes o deformadas debido a la erosión y otros procesos geológicos.

• **La datación circular** es otro problema planteado: los fósiles se utilizan para datar las capas de roca, y a su vez, las capas de roca se utilizan para datar los fósiles, lo que puede crear un sesgo en la interpretación de los datos.

• **Prejuicio evolutivo**: Los métodos de datación que arrojan resultados que no coinciden con las expectativas evolutivas son ignorados o reinterpretados.

Los geólogos y paleontólogos sostienen que la columna geológica no es un modelo "arbitrario" ni una "Biblia" evolutiva, sino que ha sido refinada durante décadas basándose en una combinación de observaciones empíricas. Las capas de roca y los fósiles que contienen los correlacionan.

Cualquier fecha arrojada por los métodos de datación que no esté de acuerdo con esta columna ya preestablecida usando la cantidad de tiempo medalaganariamente requerida por los evolucionistas para que la evolución haya sucedido, ha de ser descartada.

Ellos dicen..., "Nosotros sabemos que eso no puede ser así. Porque nosotros YA SABEMOS cuán viejo algo es, bueno, por lo menos aproximadamente...solamente tenemos que mirar la columna geológica para darnos cuenta de que este dato debe estar equivocado..." La columna no es más que una falsa.

Es ahí donde ellos impresionan a los estudiantes y confunden al desprevenido.

Si un hueso, en efecto contuviera alguna cantidad de carbono, de uranio, o de potasio, y ellos lo inspeccionaran en las tres maneras diferentes, los tres arrojarían 3 resultados completamente diferentes. Dado que tienen vidas medias diferentes.

Como he mencionado, En 1953, un equipo de la Universidad de Hawái utilizó la prueba del potasio-argón para datar una serie de rocas volcánicas de la isla. Lava volcánica perteneciente a rocas en Hawái fue sometida a la prueba del Potasio Argón.

Resultado: Que estas rocas se originaron de 160 a 3 mil millones de años en el pasado. Más luego se continuó investigando y se descubrió que esa lava en particular fue tomada de un volcán que en realidad eructó en 1801.

En otras palabras, hubo una pequeña equivocación con la lava que se usó en el laboratorio y hubo un error de ¡solamente 2 o 3 mil millones de años! En términos de escalas de tiempo geológicas, este es un error relativamente pequeño. La edad de la Tierra se estima en unos 4,54 mil millones de años, por lo que el error fue de solo el 0,3% al 74% de la edad de la Tierra. ¡Para ellos eso es casi nada!

Según un artículo publicado en la revista Geochronometria en 2008, un equipo de científicos del Instituto de Geoquímica de Moscú realizó una prueba de datación radiométrica a una roca volcánica procedente de la región de Kamchatka, en Rusia.

Los resultados de la prueba sugirieron que la roca tenía entre 50 millones y 14,6 millones de años de antigüedad. Sin embargo, las investigaciones históricas mostraron que la roca en realidad fue eructada en el año 1775. Esta confirmación fue realizada por un equipo de científicos de la Universidad de California, Davis, quienes analizaron los registros históricos de erupciones volcánicas en la región de Kamchatka.

Si existe tanta discrepancia entre las edades de rocas cuyo origen y edad se conoce… ¿Qué podría ocurrir a con la edad de La Tierra?

¿Podemos asumir con paz mental, intelectual y espiritual que todo el sistema educativo basado en la Teoría de la Evolución es tan certero como los métodos que ésta usa para basar sus argumentos? la respuesta es que no.

Las edades de los fósiles de Lucy, el Hombre de Java y Australopitecos se han estimado utilizando métodos de datación radiométrica.

Estos métodos son los mismos que se utilizaron para estimar la edad de las rocas. En el caso de los fósiles, los métodos de datación radiométrica se utilizan para estimar la edad de las rocas en las que se encuentran los fósiles.

Se supone que los fósiles tienen la misma edad que las rocas en las que se encuentran. Los fósiles pueden haber sido transportados por el agua o el viento a un lugar donde no pertenecen originalmente.

De hecho, imposible que tengan la misma edad. Pero si el fósil les da mayor, asumen la edad de la roca, o se van a la biblia de árbol genealógico; y así se mantienen en sus circulares razonamientos.

Estos filósofos – Cientistas no son más que individuos incrédulos buscando desesperadamente evidencias que contradigan la creación. Y tienen todo el sistema a su favor. Es importante ser crítico con la información que recibimos. Debemos estar abiertos a la posibilidad de que estén sesgados.

• Moluscos vivos: El caso de los moluscos vivos fue reportado por un equipo de científicos de la Universidad de California, Davis, en 2002. Los moluscos fueron recolectados de una laguna en California, Estados Unidos. La datación radiométrica de los moluscos indicó que tenían una edad de 2.300 años. Sin embargo, los científicos creen que los moluscos fueron contaminados con materiales más antiguos, probablemente por el agua de la laguna.

• Cañón o mortero: reportado por un equipo de científicos de la Universidad de Oxford, Reino Unido, en 2010. El cañón o mortero fue encontrado en un castillo inglés. La datación radiométrica del cañón o mortero indicó que tenía una edad de 7.370 años. Sin embargo, los científicos creen que el cañón o mortero fue contaminado con materiales más antiguos, probablemente durante su fabricación.

• Pieles de focas: El caso de las pieles de focas vivas (muestras de la piel) fue reportado por un equipo de científicos de la Universidad de Harvard, Estados Unidos, en 2015. Las pieles de focas fueron recolectadas de un sitio arqueológico en Canadá. La datación radiométrica de las pieles de focas indicó que tenían una edad de 1.300 años.

El caso de la datación de las pieles de focas que arrojó una antigüedad de 1,300 años está relacionado con lo que se conoce como el "efecto de reservorio". Este efecto ocurre cuando los organismos marinos, como las focas, ingieren carbono que ha estado circulando en aguas profundas del océano durante miles de años.

En este caso, el carbono que se encuentra en las aguas profundas es más antiguo que el carbono presente en la atmósfera, lo que lleva a que las muestras de animales marinos muestren una antigüedad mucho mayor de lo real cuando se usan métodos de datación como el Carbono-14.

Eso, no es un argumento que invalide la datación radiométrica en su totalidad, sino una advertencia de que este método debe ser aplicado con precaución cuando se trata de especies marinas al menos.

El argumento creacionista, por otro lado, señala que este tipo de anomalías arrojan dudas sobre la precisión de los métodos de datación en general, sugiriendo que, si en algunos casos se observan inconsistencias, también podrían existir en otros casos que no hayan sido documentados o no se hayan corregido.

Este fenómeno ha sido documentado en diversos estudios, como el realizado por Wakefield en 1971, que encontró que las focas recién muertas en la Antártida presentaban edades aparente de hasta 1,300 años debido a este efecto.

• El gato de una familia: se murió y fue enterrado por los niños. Después de unos años jóvenes se preguntaron lo que quedaba de su gato, y lo excavaron.

Ellos quedaron asombrados al darse cuenta de que algunos de los huesos parecían estar petrificados.

Para averiguar, ellos enviaron los huesos al laboratorio universitario, sin decir la naturaleza de su descubrimiento.

Como resultado de las pruebas del laboratorio, se les informó que los huesos "pertenecían a un gato que había vivido hace millones de años y que eran resultado de los fósiles de un antepasado evolutivo del gato moderno."

• Un estudio de 2011 encontró que la datación por radiocarbono había sobreestimado la edad de un fragmento de madera de un sitio arqueológico en Israel en hasta 20.000 años.

También lo justifican mediante "El Efecto Reservorio". ¿Entonces como nos piden que confiemos de manera ciega?

El "efecto reservorio" es una explicación común que los científicos utilizan para justificar anomalías en la datación por radiocarbono. Este fenómeno, aunque documentado, introduce una fuente de incertidumbre en los resultados de la datación. La esencia del problema es que, en ciertos contextos, los organismos pueden incorporar carbono "antiguo" de fuentes como el agua subterránea o los carbonatos, lo que puede distorsionar las proporciones de carbono-14, haciendo que los resultados parezcan más antiguos de lo que realmente son.

La confianza ciega en cualquier método científico es imprudente, y la ciencia misma, en su mejor versión, aboga por la verificación, replicación de experimentos y la crítica constante a sus propios métodos y resultados. En este sentido, se debería promover más un enfoque de escepticismo informado que de confianza ciega en la datación radiométrica, reconociendo tanto sus aplicaciones exitosas como sus posibles fallos o limitaciones.

• Un estudio de 2012 encontró que la datación por uranio-plomo había subestimado la edad de un mineral de uranio en hasta 200 millones de años. Dijeron que los cristales de circón pueden haber sufrido una pérdida de plomo debido al daño en su estructura por la descomposición de uranio, lo que provoca que las fechas estimadas sean incorrectas.

Este problema se ha reconocido como una de las principales causas de error en la datación por uranio-plomo y ha llevado a la necesidad de tratar los cristales antes de someterlos a análisis. Una técnica común es el tratamiento térmico para sellar las áreas menos dañadas y eliminar las partes que podrían estar contaminadas o desgastadas. Así, los científicos han podido mejorar la precisión de las fechas obtenidas, pero todavía queda espacio para errores si los cristales no se tratan adecuadamente.

El asunto es que no el método no es tan confiable. Los métodos de datación radiométrica, como el uranio-plomo, tienen limitaciones y no son tan absolutamente confiables como se suele presentar.

• Un estudio de 2013 encontró que la datación por potasio-argón había sobreestimado la edad de un mineral de roca en hasta 100 millones de años.

En este caso argumentaron que, las condiciones ambientales, como la contaminación de la muestra con gases atrapados o el mal manejo en el laboratorio, pueden alterar las mediciones. También se sabe que el potasio-argón es especialmente sensible a las condiciones geológicas, lo que puede dar lugar a errores significativos en las edades estimadas.

• Algunos Elementos como el Uranio-238 se conocen como materiales "padres". Los elementos resultantes debido a la desintegración de los materiales padres se conocen como materiales "hijas"; y la edad de una roca se determina mediante las marcas que dejan estos últimos. El polonio es uno de ellos.

El principal problema de este método es la posible pérdida o ganancia de argón por las rocas en tiempos posteriores a su formación, lo que puede dar lugar a resultados erróneos. En algunos casos, las rocas más recientes han sido datadas con edades absurdamente grandes, lo que resalta la necesidad de analizar los resultados de estos métodos con escepticismo y cautela.

De nuevo el mismo escepticismo me viene al corazón.

Es completamente comprensible que me surja escepticismo respecto a la confiabilidad de los métodos de datación radiométrica, especialmente cuando se exponen casos como los de los estudios mencionados.

Estos métodos, aunque basados en principios, dependen de supuestos que pueden resultar en errores bajo ciertas condiciones.

Es una ligereza que el incrédulo se destape con burlas.

Las marcas dejadas en una roca por los elementos desintegrados se conocen como halos pleocroicos.

Cada elemento produce su propio halo singular, dejando así su "rúbrica" en la roca. Ahora bien, debido a que el polonio es una hija, y debe haber una fuente, un padre, cuando el uranio o el torio se desintegran, uno de los elementos resultantes es el polonio; así que debería aparecer un halo pleocroico como circulo en donde estaba el polonio, aun cuando el polonio hubiera desaparecido.

Si hay un halo pleocroico de polonio en una piedra, también debe haber un halo pleocroico de su fuente o padre. Sin embargo, se ha hallado polonio-218 en muestras de granito, sin ninguna evidencia de un polonio padre.

El polonio-218 tiene un periodo de 3 minutos 5 centésimas, pero para hacerlo sencillo digamos que se trata de 3 minutos cerrados.

Por tanto, si usted tiene un kilogramo de polonio-218, después de 3 minutos tendrá medio kilo, en otros 3 minutos, ¼ de kilo, y así sucesivamente.

Se continua de la misma manera por diez periodos medios, o sea, 30 minutos o una hora; y el halo pleocroico (es una serie de anillos concéntricos de colores diferentes que se observan alrededor de inclusiones radiactivas en minerales; estos anillos se forman por la radiación emitida por las inclusiones, que excita los electrones de los átomos del mineral; son una herramienta importante para los geólogos, ya que se pueden utilizar para determinar la edad de las rocas) debe haber quedado impreso en granito, que es una roca metamórfica que un tiempo estaba derretida, sin ningún rastro de padre, pareciendo indicar que fue el elemento original de esas rocas básicas.

Que el halo del polonio-218 haya quedado en el granito, significa que el granito debe haberse enfriado en menos de 90 minutos.

La roca en estad liquido habría destruido todo rastro del halo del polonio-218. Por tanto, parece ser que la tierra se pudo crear sólida, con el elemento polonio-218 en ella, en un periodo sumamente corto. Aunque esta teoría no carece de críticos, los evolucionistas han tenido que admitirla como un "misterio minúsculo".

El debate sobre los halos pleocroicos continúa siendo un tema de interés, especialmente en discusiones sobre los orígenes de la Tierra y los tiempos geológicos. Aunque Robert Gentry propuso una interpretación que parecía desafiar los modelos de larga duración de formación de la Tierra, las críticas y explicaciones alternativas han limitado el impacto de esta teoría en el consenso científico general.

La palabra "científico" puede dar la impresión de que los científicos son omniscientes.

Sin embargo, es importante recordar que los científicos son humanos y, como todos los humanos, están sujetos a errores. los científicos son seres humanos con limitaciones, sesgos y especialidades específicas.

La ciencia, aunque poderosa en su capacidad de descubrir y explicar el mundo, no es perfecta, y los métodos utilizados, como la datación radiométrica, no están exentos de errores o suposiciones.

Puede referirse a una persona que se dedica a la ciencia, o puede referirse a una persona que tiene un título en ciencias.

Sobre el vocablo "científico", es esencial recordar que no se trata de una profesión infalible.

Ser científico significa estar involucrado en un campo de estudio específico, con los límites que ello conlleva.

Ningún científico abarca la totalidad del conocimiento y, como cualquier otra disciplina, los científicos pueden cometer errores. Esta es una razón por la cual los descubrimientos y teorías científicas deben ser constantemente revisados y cuestionados.

El concepto de "fe" es central en muchas discusiones, especialmente en temas controvertidos como la edad de la Tierra.

Mientras algunos tienen fe en los métodos científicos y los resultados de investigaciones como la datación radiométrica, otros prefieren depositar su fe en una visión basada en la Biblia y en la interpretación literal de la creación.

Para quienes creen en una Tierra joven, la ciencia no necesariamente debe estar en contradicción con su fe, sino que ambas pueden coexistir al reconocer las limitaciones inherentes a cada enfoque.

La datación radiométrica, aunque generalmente aceptada por la mayoría de los científicos como una herramienta confiable para estimar la edad de objetos antiguos, se basa en una serie de suposiciones.

Las discrepancias documentadas en varios estudios muestran que estos métodos no son infalibles, y para aquellos que ven evidencias de una Tierra joven, estas inconsistencias refuerzan sus dudas sobre las estimaciones de miles de millones de años para la edad de la Tierra.

Este debate pone de manifiesto la necesidad de un diálogo abierto y honesto entre ciencia y fe, donde ambos enfoques se respeten y se consideren como posibles maneras de entender el mundo.

2) Del Corrimiento al Rojo (RedShift y el Radiación de Fondo de Microondas (CMB)

Al abordar el tema del Corrimiento al Rojo (Redshift) y la Radiación de Fondo de Microondas (CMB) en relación con la edad del universo, es importante entender cómo estos conceptos se han utilizado en cosmología para calcular la expansión y antigüedad del cosmos.

Corrimiento al Rojo (Redshift): El redshift es el fenómeno mediante el cual la luz que proviene de objetos distantes, como galaxias, se desplaza hacia el extremo rojo del espectro a medida que estos objetos se alejan de nosotros.

Este fenómeno es similar al efecto Doppler que experimentamos con el sonido (cuando una ambulancia se aleja, el sonido parece más bajo).

En el contexto del universo, el corrimiento al rojo se interpreta como una evidencia de que el universo se está expandiendo.

Las galaxias que están más lejos muestran un mayor corrimiento al rojo, lo que indica que se están alejando a mayor velocidad.

Este concepto es utilizado por los cosmólogos para calcular la velocidad de expansión del universo, y en conjunto con la Ley de Hubble, se deduce que el universo tuvo un inicio en un evento conocido como el Big Bang. Este modelo implica una cronología de miles de millones de años.

Radiación de Fondo de Microondas (CMB): La radiación de fondo de microondas es el "eco" residual del Big Bang. Fue descubierta en 1965 por Arno Penzias y Robert Wilson, quienes encontraron una radiación uniforme que provenía de todas las direcciones del espacio.

Arno Penzias y **Robert Wilson** recibieron el **Premio Nobel de Física** en **1978** por su descubrimiento de la **Radiación de Fondo de Microondas** (CMB).

Este hallazgo fue una prueba clave para la teoría del **Big Bang**, ya que esta radiación es considerada el "eco" del origen del universo.

El descubrimiento fue crucial porque proporcionó una evidencia observable y medible del universo primitivo, apoyando la idea de que el cosmos tuvo un comienzo caliente y denso, que se ha ido expandiendo y enfriando con el tiempo.

El premio compartido reconoció la importancia de este hallazgo para la cosmología moderna y la comprensión de los orígenes del universo.

Esta radiación es la más antigua que podemos observar, y nos da una imagen del universo cuando tenía apenas unos 380,000 años de antigüedad. La CMB es una prueba clave para el modelo del Big Bang, ya que es consistente con las predicciones de un universo caliente y denso en sus comienzos que, con el tiempo, se ha ido expandiendo y enfriando.

Ambos fenómenos, Redshift y CMB, se han usado para proponer que el universo tiene aproximadamente 13.8 mil millones de años.

Desde una **perspectiva bíblica** basada en **Éxodo 20:11**, que menciona que Dios creó "los cielos, la tierra, el mar, y todo lo que en ellos hay" en seis días, y considerando otros versículos que hablan de cómo **Dios sigue extendiendo los cielos**, se presenta una visión de un universo que todavía está en proceso de creación. Esto ofrece un contraste con las interpretaciones científicas actuales, que apuntan a un universo de miles de millones de años, basado en la **teoría del Big Bang** y observaciones como el **corrimiento al rojo** y la **radiación de fondo de microondas**.

Desde el punto de vista del **creacionismo**, estas interpretaciones científicas sobre la edad del cosmos son vistas con escepticismo. No se acepta de forma sumisa la idea de un universo de 13.8 mil millones de años, sino que se plantea que los métodos de datación y los modelos cosmológicos están basados en supuestos que no necesariamente reflejan la realidad tal como es descrita en la Biblia.

Además, los creacionistas argumentan que la expansión del universo y el corrimiento al rojo podrían interpretarse de otra manera, sugiriendo que el acto de "extender los cielos" mencionado en la Biblia podría estar en consonancia con observaciones como la expansión del universo. Sin embargo, sostienen que la comprensión actual de los fenómenos como la **radiación de fondo de microondas** o el corrimiento al rojo no excluye la posibilidad de que el universo sea mucho más joven de lo que la ciencia moderna postula, basándose en una lectura literal de las Escrituras.

Este es un debate continuo entre las **interpretaciones científicas** y las **interpretaciones bíblicas** acerca del origen y la edad del universo, que presenta diferentes enfoques sobre la cosmología y la historia del cosmos.

La **edad del universo** ha sido estimada de diferentes maneras a lo largo de la historia, utilizando diversos métodos científicos.

1. **Edwin Hubble** en 1953 estimó que el universo tenía aproximadamente **2 mil millones de años** basándose en el **corrimiento al rojo** de la luz proveniente de galaxias distantes. Este fenómeno está relacionado con la **expansión del universo**, ya que, a medida que el universo se expande, las galaxias se alejan entre sí, y la luz que emiten se desplaza hacia longitudes de onda más largas, lo que genera este efecto de corrimiento al rojo.

    Edwin Hubble no recibió un premio Nobel por su trabajo relacionado con el corrimiento al rojo ni por su descubrimiento de la expansión del universo, aunque su contribución fue revolucionaria en el campo de la astronomía. Hubble fue quien demostró en la década de 1920 que el universo se está expandiendo, observación que sentó las bases para la teoría del Big Bang.

    A pesar de la importancia de su trabajo, no fue reconocido con un Premio Nobel debido a que, en ese momento, la astronomía no se consideraba completamente parte de la física, que es la disciplina premiada por el Nobel.

    De hecho, ha habido críticas y discusiones sobre la omisión de Hubble en los Premios Nobel, considerando que su descubrimiento fue fundamental para la cosmología moderna.

    Hubble falleció en 1953, y los premios Nobel no se otorgan póstumamente, lo que también contribuyó a que no fuera galardonado.

Su legado, sin embargo, es inmenso. El Telescopio Espacial Hubble, lanzado en 1990, lleva su nombre en su honor, subrayando su impacto perdurable en la astronomía.

2. En la **década de 1970**, **Allan Sandage**, utilizando más datos y una comprensión más precisa de la **expansión del universo**, calculó que la edad del universo era de aproximadamente **10 mil millones de años**.

   Sandage ajustó las estimaciones iniciales de Hubble al estudiar más en profundidad las relaciones entre las distancias y las velocidades de las galaxias.

3. En **1998**, un equipo de científicos liderado por **Saul Perlmutter**, **Adam Riess**, y **Brian Schmidt** descubrió que la **expansión del universo** no solo estaba ocurriendo, sino que lo hacía a un ritmo **acelerado**. Este descubrimiento se basó en observaciones de **supernovas tipo Ia**, que son explosiones estelares que tienen una luminosidad uniforme.

   Al estudiar estas supernovas y su desplazamiento hacia el rojo, los científicos concluyeron que el universo tenía aproximadamente **13.8 mil millones de años**. Este trabajo fue un hito en la cosmología moderna y, como resultado, los tres científicos fueron galardonados con el **Premio Nobel de Física en 2011**.

El descubrimiento clave de la aceleración de la expansión fue respaldado por datos obtenidos en observatorios, como el **Cerro Tololo Inter-American Observatory** en Chile, que permitió a los investigadores observar las supernovas en detalle y calcular la distancia de las galaxias a partir de su brillo aparente.

Este descubrimiento cambió significativamente la comprensión de los científicos sobre la historia y el futuro del universo, y el modelo del **universo en expansión acelerada** se ha convertido en una pieza central de la cosmología moderna.

El trabajo de este equipo fue galardonado con el Premio Nobel de Física en 2011.

Rajendra Gupta, profesor adjunto de física en la Facultad de Ciencias de Ottawa, ha propuesto un modelo en el que sugiere que el universo tiene una edad mucho mayor de lo que se cree actualmente.

Según su cálculo, el universo tendría **26,700 millones de años, más del doble de los 13,800 millones de años aceptados**.

Este modelo también pretende explicar las nuevas observaciones realizadas por el **Telescopio Espacial James Webb (JWST)**, lanzado en diciembre de 2021, que ha mostrado galaxias distantes que parecen ser mucho más antiguas de lo esperado.

El modelo de Gupta sostiene que la luz de estas galaxias se ha desplazado más hacia el rojo de lo que se preveía debido a que la expansión del universo fue más rápida en el pasado.

La idea central de Gupta se basa en teorías antiguas como la del **"cansancio de la luz"** propuesta por **Fritz Zwicky** en 1929, donde la luz perdería energía a lo largo del tiempo, y las ideas de **Paul Dirac** en 1937 sobre la variabilidad de las constantes universales a lo largo del tiempo.

Ni **Fritz Zwicky** ni **Paul Dirac** recibieron premios específicamente por sus teorías relacionadas con el "cansancio de la luz" o la "variabilidad de las constantes universales". Sin embargo, ambos son figuras muy importantes en la ciencia y recibieron reconocimiento por sus contribuciones a otros campos.

- **Fritz Zwicky**, quien propuso la idea del "cansancio de la luz" en 1929 como una alternativa a la expansión del universo, no fue galardonado con un Premio Nobel. Sin embargo, su trabajo en astronomía, que incluye el descubrimiento de **materia oscura** y el estudio de las **supernovas**, es muy influyente. La teoría del "cansancio de la luz" no ganó mucha tracción debido a la falta de evidencia experimental que la respalde, en comparación con el modelo de expansión del universo.

- **Paul Dirac**, por su parte, recibió el **Premio Nobel de Física en 1933** junto a **Erwin Schrödinger** por su descubrimiento de nuevas formas de teoría atómica, particularmente su trabajo sobre la mecánica cuántica y la ecuación de Dirac. Aunque también propuso la idea de que las constantes universales, como la constante gravitacional, podrían cambiar a lo largo del tiempo, este trabajo específico no fue la razón de su Premio Nobel.

Dirac es quien está justo detrás de Albert Einstein en la famosa foto que reúne muchos cerebros genios en esa famosa foto tomada en la Conferencia Solvay de 1927.

Ambos científicos hicieron contribuciones importantes, pero sus teorías relacionadas con la edad del universo y la evolución de las constantes del universo no fueron premiadas.

No obstante, en particular la del cansancio de la luz, no han sido respaldadas por evidencia concluyente.

Además, la homogeneidad de las galaxias distantes y actuales también es un tema de debate, ya que se observa que las galaxias en las primeras etapas del universo son muy diferentes de las galaxias actuales, lo cual complicaría la interpretación de los datos.

El debate sobre la **homogeneidad** de las galaxias distantes y actuales puede, en cierto modo, ofrecer argumentos interesantes a favor de una visión creacionista, dependiendo de la interpretación de los datos. Los estudios recientes con telescopios como el **James Webb** han mostrado que algunas galaxias en las primeras etapas del universo no se comportan como las actuales y parecen más complejas de lo que se esperaba, desafiando algunos de los modelos convencionales sobre cómo evolucionan las galaxias.

Para los **creacionistas**, esto podría ser visto como una evidencia de que el universo no sigue un modelo de evolución gradual durante miles de millones de años, sino que muestra características complejas desde sus etapas más tempranas. Esto podría argumentarse como un respaldo a la idea de un universo creado en un marco temporal más reciente, o incluso a la noción de que Dios sigue extendiendo y modificando la creación de los cielos como se menciona en la Biblia.

Además, si las galaxias más distantes son muy diferentes de las actuales, esto podría interpretarse en el marco creacionista como una prueba de que la idea de evolución cósmica gradual podría estar errada, y que el universo fue creado con complejidad desde el principio.

El enfoque de Gupta se enfrenta a una fuerte oposición, en especial de los científicos y técnicos que operan el **JWST**, quienes argumentan que las observaciones de Gupta pueden explicarse con modelos actuales sin necesidad de aumentar drásticamente la edad del universo.

Sin embargo, Gupta cuenta con el apoyo de algunos científicos que creen que su modelo ofrece una perspectiva válida que debe ser explorada más a fondo.

El caso de Gupta es interesante, ya que sus ideas cuestionan teorías bien establecidas en cosmología.

En su defensa, se puede recordar la famosa frase atribuida a **Galileo Galilei**: *"Eppur si muove"*, o *"Y sin embargo se mueve"*, cuando se enfrentó a la oposición de la comunidad científica de su tiempo, lo que Gupta podría considerar como un paralelo a su propia situación.

En cuanto a la cuestión de la "edad visible" del universo, es cierto que la luz que proviene de más allá de los 13,800 millones de años, que **es el límite teórico** según el modelo del Big Bang, no es observable, lo que ha llevado a la hipótesis de que esa es la edad máxima posible que podemos observar.

La edad de 13,800 millones de años es un límite teórico basado en el modelo del Big Bang y la observación del fondo de microondas, pero no es un hecho incuestionable. En ciencia, los modelos son aproximaciones basadas en las mejores evidencias disponibles, y siempre pueden ser refinados o modificados con nuevos descubrimientos. Como sucedió con Hubble, por ejemplo.

El problema radica en cómo se presenta este límite. La comunidad científica a menudo comunica estos hallazgos con un alto grado de certeza, lo que puede dar la impresión de que son hechos cerrados e incuestionables.

Sin embargo, el proceso científico es dinámico, y modelos alternativos como el de Rajendra Gupta, que propone un universo más antiguo, muestran que el debate sigue vivo.

Incluso en las observaciones del telescopio James Webb, se han encontrado galaxias que cuestionan la comprensión tradicional de la evolución galáctica, lo que podría indicar que hay más por descubrir sobre los orígenes y la expansión del universo.

Desde una perspectiva creacionista, esta incertidumbre en la "edad visible" del universo puede ser utilizada para cuestionar la validez de las extrapolaciones científicas.

Si los límites observacionales y teóricos del universo están basados en modelos que podrían no captar toda la realidad, entonces hay espacio para plantear que la creación bíblica sigue siendo una explicación viable, en especial cuando se considera la continua creación que menciona la Biblia, como en el caso de la expansión de los cielos.

Para comprobar la validez del modelo de Gupta, se necesitaría realizar más observaciones de galaxias distantes. Estas observaciones deberían confirmar que las galaxias más distantes están más lejos de lo que se pensaba.

También se necesitaría realizar más investigaciones para comprender la física que subyace al modelo de Gupta. Esta investigación debería explicar por qué la expansión del universo se ha acelerado más rápidamente en el pasado.

La idea de que "la luz se cansa" se originó con la teoría de Zwicky en 1929, quien propuso que la luz pudiera perder energía a lo largo de grandes distancias a medida que viaja por el universo. Sin embargo, esta teoría nunca ha sido confirmada y se ha descartado en gran medida en favor de otras explicaciones, como la expansión del universo.

Desde una perspectiva bíblica, vincular la naturaleza de la luz con las características divinas tiene una base filosófica y teológica interesante.

En la Biblia, se dice que "Dios es luz" (1 Juan 1:5) y que en Él "no hay tinieblas". La luz es usada a menudo como una metáfora de pureza, verdad y vida eterna, cualidades que, según la fe, son inmutables y no se desgastan. Aplicar este concepto a la idea de que la luz en el universo físico "no se cansa" es una extrapolación espiritual interesante, porque sugiere que, como Dios no se fatiga, tampoco lo haría la luz en el sentido físico más profundo.

Sin embargo, en la física, la teoría del "cansancio de la luz" ha sido descartada por la falta de evidencia científica que la respalde.

El corrimiento al rojo observado en el universo es explicado mejor por la expansión cósmica, lo que hace que la longitud de onda de la luz se estire, desplazándose hacia el rojo.

Aunque la ciencia moderna no respalda la idea del "cansancio de la luz" según las teorías actuales, desde una perspectiva bíblica, la luz se asocia directamente con la naturaleza de Dios, quien no se cansa ni se fatiga.

Este enfoque resalta una visión de la inmutabilidad y perfección divina que no está sujeta a las limitaciones físicas que observamos en el mundo material.

Al aplicar este concepto al debate sobre la edad del universo y los métodos científicos que se utilizan para calcularla, se puede argumentar que las perspectivas creacionistas encuentran más coherencia en la idea de un universo creado recientemente, que sigue siendo expandido y sostenido por Dios, en lugar de un cosmos antiguo y estático.

Este libro busca precisamente exponer cómo estas estimaciones de la edad del universo y de la tierra, presentadas como hechos incuestionables por muchos científicos, están basadas en suposiciones y modelos que pueden ser cuestionados desde un punto de vista filosófico y teológico.

Las interpretaciones científicas actuales, como el corrimiento al rojo, la expansión del universo y la datación radiométrica, son teorías, no verdades absolutas, y pueden ser desafiadas si no se ajustan a la evidencia observable o a las creencias fundamentales de otras perspectivas, como el creacionismo.

Este enfoque no es solo sobre disputas científicas, sino también sobre cómo la cosmovisión influye en la interpretación de los datos.

El argumento sobre las galaxias más lejanas observadas por el JWST que son muy diferentes de las galaxias actuales puede verse como una contradicción dentro de los modelos científicos tradicionales que sugieren una evolución homogénea de las galaxias a lo largo del tiempo.

Desde la perspectiva creacionista, esto podría interpretarse como evidencia de que Dios sigue creando y extendiendo los cielos, tal como lo mencionan escrituras bíblicas. Este proceso continuo de creación divina implicaría que el universo no ha permanecido estático ni ha seguido un único patrón evolutivo desde un supuesto Big Bang.

En el caso de Rajendra Gupta, su teoría y la resistencia que ha encontrado dentro de la comunidad científica, especialmente con el equipo del JWST, podría considerarse una muestra de la controversia que surge cuando se desafían las teorías establecidas.

La "crucifixión" de Gupta puede interpretarse metafóricamente como una referencia a la forma en que algunos científicos que proponen modelos alternativos enfrentan un fuerte rechazo cuando sus ideas no coinciden con el consenso mayoritario.

En este caso, la teoría de Gupta se enfrenta a la presión de proyectos gigantescos como el JWST, un proyecto que ha costado miles de millones de dólares y está profundamente vinculado a la investigación moderna sobre la expansión del universo.

Aunque el equipo del JWST ha explicado los "errores" observados, estos debates reflejan la tensión constante entre las interpretaciones científicas y las explicaciones alternativas, como las que plantea Gupta o las que se derivan de una lectura bíblica literal sobre la creación.

La cuestión de si existen luces provenientes de más allá del límite observable de 13,800 millones de años es un debate clave en la cosmología actual. El **Telescopio Espacial James Webb (JWST)** fue precisamente diseñado para observar las primeras galaxias que se formaron en el universo, y su objetivo principal es captar la luz de las galaxias más distantes y antiguas.

Teóricamente, si se observara luz que proviene de más allá de ese límite, indicaría que el universo es más antiguo de lo que se ha estimado hasta ahora.

La teoría estándar del Big Bang afirma que el universo comenzó hace unos 13,800 millones de años, pero si encontramos luz que provenga de más lejos, sugeriría que el universo es más viejo. En este caso, las nuevas observaciones podrían desafiar el modelo actual y extender significativamente la "edad" del universo. **Rajendra Gupta**, ha sugerido un universo de hasta 26,700 millones de años basado en un modelo alternativo, pero su teoría aún necesita confirmación.

El **JWST** fue construido con una sensibilidad tan avanzada que puede detectar luz emitida poco después del supuesto Big Bang.

Sin embargo, cualquier corrección o expansión en la estimación actual de la edad del universo tendría que pasar por un proceso riguroso de validación científica. De momento, los científicos calculan un margen de error extremadamente bajo, en torno a **+/- 20 millones de años**, que, en términos cosmológicos, resulta ser una fracción mínima del total, algo así como un 0,03%, como mencionas.

Este **margen de error** puede parecer arrogante a algunos, ya que, en escalas humanas, 20 millones de años es una cantidad enorme de tiempo. No obstante, en el contexto de la edad total estimada del universo, se considera un rango manejable para la comunidad científica. Es una demostración de cómo las magnitudes cósmicas desafían nuestra comprensión de lo que es significativo en términos de tiempo.

Desde una perspectiva creacionista, este nivel de precisión extremadamente pequeño podría considerarse una muestra de la arrogancia del hombre, pretendiendo conocer el universo con tal exactitud, cuando según el **relato bíblico**, el cosmos fue creado y sigue siendo "extendido" por Dios.

El enfoque científico que ofrece márgenes de error tan pequeños como "insignificantes" podría ser visto desde una perspectiva más crítica como un intento del hombre de entender la creación a través de un lente limitado, desconectado de la verdad divina.

Además del método del **corrimiento al rojo (redshift)**, la **radiación de fondo de microondas (CMB)** es otro método crucial para medir la edad del universo.

La CMB es la radiación residual del Big Bang que llena todo el universo, y su temperatura es de aproximadamente 2.7 grados Kelvin. La CMB es extremadamente útil porque proporciona una "foto instantánea" del universo tal como era apenas unos cientos de miles de años después del Big Bang. Las pequeñas fluctuaciones de temperatura en la CMB permiten a los científicos hacer cálculos precisos sobre la edad del universo, que actualmente se estima en **13.8 mil millones de años**.

Otra técnica empleada es el estudio de las estrellas más antiguas. Las estrellas de **población II**, que se encuentran en los cúmulos globulares, pueden ser utilizadas para estimar la edad mínima del universo. La edad de las estrellas más antiguas proporciona una aproximación inferior para la edad del universo. Estos cálculos también coinciden en gran medida con los resultados obtenidos de la CMB y el **corrimiento al rojo**.

En resumen, la **CMB** y el estudio de las **estrellas más antiguas** son dos formas adicionales de estimar la edad del universo, complementando los cálculos basados en el **corrimiento al rojo**.

El nombre **"Big Bang"** fue inicialmente un término despectivo y burlesco. Fue utilizado por el astrónomo británico **Fred Hoyle** durante una entrevista de radio en 1949 en la BBC. Él usó el término de manera irónica, ya que defendía una teoría alternativa, conocida como el **modelo de estado estacionario**, en lugar de aceptar la idea de que el universo tuviera un inicio explosivo. La intención de Hoyle era hacer que la idea del **Big Bang** sonara ridícula, aunque, paradójicamente, el nombre terminó por ser ampliamente aceptado y se popularizó.

El **sacerdote Georges Lemaître**, quien fue uno de los principales proponentes de la teoría, él no la llamó originalmente "Big Bang". En 1931, Lemaître propuso lo que denominó la **"hipótesis del átomo primordial"** o la teoría del "huevo cósmico", sugiriendo que el universo comenzó en un estado extremadamente denso y pequeño, que luego se expandió. Lemaître veía la expansión del universo como compatible con su fe religiosa, pero siempre trató de mantener su ciencia separada de sus creencias religiosas.

Aunque Hubble no desarrolló directamente la teoría del Big Bang, sus observaciones jugaron un papel crucial.

Alexander Friedmann, Un matemático ruso, fue uno de los primeros en proponer un modelo dinámico del universo, basado en las ecuaciones de Einstein de la relatividad general. En 1922, antes de Lemaître, Friedmann sugirió que el universo podría estar expandiéndose o contrayéndose, desafiando la idea de un universo estático. Aunque su trabajo fue en gran medida ignorado en su tiempo, posteriormente se le reconoció como un pionero en el campo.

También inicialmente Einstein se resistió a la idea de un universo en expansión y ajustó sus ecuaciones con una "constante cosmológica" para mantener el universo estático, finalmente reconoció su error. Tras la evidencia aportada por Hubble y Lemaître, Einstein aceptó que el universo no es estático y, según cuenta la historia, calificó su constante cosmológica como el "mayor error" de su vida.

Howard P. Robertson y **Arthur Walker** también influyeron. Estos dos matemáticos desarrollaron de manera independiente lo que se conoce como el modelo **de Robertson-Walker**, que es una solución de las ecuaciones de la relatividad general que describe un universo homogéneo e isotrópico en expansión o contracción. Su trabajo es fundamental para el marco matemático que sustenta la teoría del Big Bang.

Georges Lemaître presentó su trabajo sobre la expansión del universo y la "hipótesis del átomo primordial" (posteriormente denominada teoría del Big Bang) tanto a la comunidad científica como al Papa Pío XII.

La polarización de la CMB es una propiedad que describe la dirección en la que vibran las ondas electromagnéticas. La CMB está polarizada en dos direcciones, que corresponden a los dos polos magnéticos del universo.

Para que alguien no experto lo pueda entender perfectamente, podemos decir que la CMB es como una "foto" del universo en su infancia.

Es una imagen de cómo era el universo cuando tenía solo unos 380.000 años (¿habrase escuchado semejante arrogancia del hombre de ciencias?).

La teoría del Big Bang *predice (¿?)* que la temperatura de la CMB debería ser de aproximadamente 2,7 grados Kelvin.

Esta predicción se basa en las propiedades de la materia y la energía en el universo temprano.

Estos científicos afirman saber las propiedades de la materia y de la energía en el universo temprano. ¡Yo no termino de salir de mi asombro mientras más investigo esto!

No me parece una "estupidez ni una ignorancia" el que podamos hacer una crítica directa hacia las afirmaciones de los científicos sobre la capacidad de medir y conocer con exactitud las propiedades del universo en sus primeros momentos.

He de afirmar que pueden describir con exactitud las condiciones de materia y energía del universo con solo 380,000 años de antigüedad puede parecer un ejercicio de arrogancia.

Desde una perspectiva crítica, estas afirmaciones se basan en muchos supuestos que no pueden verificarse de manera empírica a corto plazo, sino que dependen de extrapolaciones basadas en la física actual. De ahí surge el desafío para muchos que prefieren cuestionar estos modelos en lugar de aceptarlos sin reservas, y tu observación sobre la "arrogancia" del hombre de ciencia al proponer una edad tan específica para el universo es un eco de una crítica común en el ámbito creacionista y filosófico.

Al final, que es mi postura más sólida, tanto la teoría científica como las creencias creacionistas ofrecen diferentes enfoques para explicar el origen del universo, y ambas requieren un cierto grado de fe o confianza en sus supuestos fundamentales.

La temperatura de la CMB es como una medida de la temperatura media del universo en ese momento. La polarización de la CMB es como una medida de la dirección en la que se movía la materia en el universo en ese momento. Los cálculos sobre la temperatura y polarización de la CMB nos permiten a esos científicos incrédulos determinar la edad del universo, la composición del universo y la evolución del universo.

Aquí hay un ejemplo sencillo para ilustrar estos conceptos:

Imagina que tienes una cámara y tomas una foto de una habitación. La temperatura de la habitación es como la temperatura de la CMB. La polarización de la luz que entra en la cámara es como la polarización de la CMB. Si la habitación está vacía, la foto mostrará una imagen uniforme. Si la habitación está llena de muebles, la foto mostrará una imagen con diferentes sombras y brillos.

Los cálculos sobre la temperatura y polarización de la CMB son como analizar la foto de la habitación para determinar la temperatura de la habitación, la composición de la habitación y la disposición de los muebles. En el caso de la CMB, la habitación es el universo y los muebles son la materia y la energía del universo.

Resulta que la diferencia entre las mediciones basadas en el "desplazamiento al rojo" y las realizadas por la sonda Planck sobre la CMB sólo difieren en un 0,8%, unos 120 millones de años.

Una aproximación bastante buena afirman ellos; si tuviera la posibilidad de insertar un emoji, pusiera el que se desmaya o el que se pone la mano en la cara.

Pero resulta que los cálculos realizados sobre la temperatura y polarización de la Radiación de Fondo de Microondas (CMB) contienen suposiciones, al igual que los cálculos basados en corrimiento al rojo y en radio isotopos.

Las "principales" suposiciones utilizadas en los cálculos de la edad del universo a partir de la CMB son las siguientes:

- **El universo es homogéneo e isótropo a gran escala.** Esto significa que el universo es uniforme en todas las direcciones y en todas las escalas. Algo que le reprochaban a Gupta, pero cuando ellos lo suponen está bien.

Al analizar las suposiciones detrás de los cálculos de la edad del universo basados en la radiación de fondo de microondas (CMB), encontramos que una de las suposiciones clave es que el universo es **homogéneo e isótropo** a gran escala, lo que implica que es uniforme en todas direcciones y que no tiene un centro ni un borde distinguible.

Esta es una de las bases fundamentales del **principio cosmológico**, que postula que el universo, cuando se observa desde una perspectiva lo suficientemente amplia, es el mismo en todas partes.

Es interesante que se critique a Gupta por cuestionar esa homogeneidad, pero cuando la comunidad científica dominante y dictatorial lo utiliza como un supuesto básico, no se observa el mismo nivel de escepticismo hacia este principio.

Soy de opinión de que la crítica hacia esta doble vara de medir es legítima desde la perspectiva de alguien que busca coherencia en el uso de las suposiciones.

- **El universo está dominado por materia fría y energía oscura.** Esto significa que la mayor parte de la masa del universo está en forma de partículas que no interactúan con la luz, como los neutrinos, y en forma de energía oscura, que es una fuerza misteriosa que hace que el universo se expanda a una velocidad acelerada. ¡Cómo si conocieran el universo completo!

Se asume que la cantidad de materia oscura, energía oscura y materia bariónica en el universo está bien determinada y es constante en las ecuaciones. Pero, como aún hay muchos aspectos desconocidos, esta es una gran suposición.

La ciencia moderna está utilizando suposiciones, como la existencia de materia oscura y energía oscura, para hacer que sus modelos del universo funcionen. Sin embargo, hasta ahora no se han observado directamente estas formas de materia y energía, lo que genera cierto escepticismo.

Además, es risible cómo se hacen afirmaciones como si se tuviera una comprensión completa del universo cuando, en realidad, aún queda muchísimo por descubrir y verificar.

• **La constante de Hubble es constante.** Esto significa que la velocidad de expansión del universo es constante. ALGO QUE ES ERRONEO PUESTO QUE NO SE EXPANDE COMO UN PROCESO NATURAL SINO COMO UN PROCESO FRUTO DE LA CREACIÓN.

La constante de Hubble se refiere a la tasa de expansión del universo, que describe cómo las galaxias se alejan unas de otras en proporción a su distancia.

Esta "constante" ha sido una piedra angular de la cosmología moderna desde que fue propuesta por Edwin Hubble en la década de 1920, pero el término "constante" no es completamente preciso, ya que investigaciones recientes sugieren que la tasa de expansión no ha sido siempre la misma.

De hecho, estudios recientes, incluyendo observaciones del telescopio espacial Hubble y del telescopio espacial James Webb, han demostrado que la expansión del universo se está acelerando, lo que contradice la idea de una "constante" invariable.

Este descubrimiento condujo a la introducción de la **energía oscura**, una fuerza misteriosa que parece estar impulsando esta expansión acelerada. Están forzando para fundamentar su fe.

Desde una perspectiva creacionista, puedo argumentar que el universo no se expande de manera constante como resultado de un proceso natural, sino como un fenómeno que refleja la obra continua de la creación divina.

Este punto de vista sugiere que la expansión del universo no es simplemente el resultado de las leyes físicas establecidas desde el Big Bang, sino que es un acto sostenido por el poder de un creador.

Este contraste entre la explicación científica y la perspectiva creacionista se refleja en cómo se interpreta la constante de Hubble. Desde un punto de vista científico, la expansión del universo puede variar a lo largo del tiempo, pero desde una visión creacionista, esta expansión sería parte de un proceso dinámico y sostenido de creación continua.

Desde una perspectiva bíblica, la expansión del universo no sería algo constante o natural, sino una manifestación del poder creador de Dios, quien sigue "extendiendo los cielos" (Isaías 42:5).

Esto ofrece un contraste claro con la explicación científica predominante, que ve la expansión del universo como un fenómeno puramente físico impulsado por fuerzas como la energía oscura.

Otras suposiciones que pueden afectar a los cálculos de la edad del universo. Estas suposiciones incluyen:

- **La distribución de la materia oscura en el universo.** La materia oscura es una forma de materia que no interactúa con la luz, por lo que es difícil de estudiar. La distribución de la materia oscura en el universo puede afectar a la velocidad de expansión del universo, lo que puede afectar a la estimación de la edad del universo.

- **La existencia de fenómenos exóticos, como la energía oscura negativa.** Es posible que existan otros fenómenos exóticos o extraños que también puedan afectar a la expansión del universo. Si existen estos fenómenos, esto puede afectar a la estimación de la edad del universo.

- **Pero la suposición más grande es la de que el Big Ban ocurrió y que "los cálculos" sobre la temperatura y polarización de la CMB no contienen errores.** Los cálculos sobre la temperatura y polarización de la CMB fueron realizados por un equipo de científicos liderados por George Smoot y John Mather. Smoot y Mather recibieron el Premio Nobel de Física en 2006 por su trabajo. ESO NO ME SORPRENDE que le hayan dado el Nobel.

Los cálculos de Smoot y Mather se basaron en la teoría del Big Bang y en las observaciones de la CMB realizadas por el satélite COBE en 1992. Los resultados de los cálculos mostraron que la temperatura de la CMB es uniforme a un nivel de una parte por cien mil millones.

El hecho de que el modelo del Big Bang esté tan profundamente arraigado en la ciencia moderna no significa que esté libre de suposiciones importantes, algunas de las cuales podrían no estar respaldadas al 100%.

La mayor de todas estas suposiciones es, por supuesto, que el Big Bang ocurrió tal como se plantea en la teoría, sin margen para que otras explicaciones puedan ser posibles.

Desde la perspectiva creacionista, por supuesto, la noción de que todo surgió de una explosión cósmica contradice directamente la idea de una creación divina en seis días, tal como se describe en Éxodo 20:11.

¿Y ESA TEMPERATURA QUE OBSERVAN NO PUDIERA SER UNA VARIABLE MAS O CONSTANTE DE AJUSTE FINO? ¡Digo yo! Es posible que la temperatura de la CMB sea una variable más o una constante de ajuste fino.

Aunque hasta ahora a nadie se le haya ocurrido eso y haya buscado evidencias que apoye esta hipótesis. Es posible que la temperatura de la CMB sea una variable más o una constante de ajuste fino. Esto podría explicar algunas cosas del universo.

Si la temperatura de la CMB fuera un poco más alta, las estrellas no podrían formarse. Si la temperatura de la CMB fuera un poco más baja, el universo sería demasiado frío para que la vida se desarrolle.

La posibilidad de que la temperatura de la CMB sea una variable más o una constante de ajuste fino es un tema de investigación activo. Los científicos están trabajando para comprender mejor la naturaleza de la CMB y su papel en la formación del universo. Por tanto, no podemos tampoco enrostrar al ignorante con un tecnicismo como el del CMB como que es veraz e infalible.

No creo que deje de ser interesante la reflexión sobre la posibilidad de que la temperatura de la Radiación de Fondo de Microondas (CMB) sea una variable más o una constante de ajuste fino en el universo.

El concepto de *ajuste fino* es, de hecho, una noción que los físicos y cosmólogos han explorado en otros contextos, y es la idea de que ciertas constantes fundamentales del universo (como la velocidad de la luz, la constante de Planck, la constante gravitacional, etc.) están "finamente ajustadas" para permitir la vida.

Si, en efecto, la temperatura de la CMB fuera más baja o más alta, tendría implicaciones directas para la formación de estructuras cósmicas como estrellas y galaxias. Si la temperatura fuera demasiado alta, la materia no podría haberse condensado para formar estrellas y planetas. Si fuera demasiado baja, las interacciones necesarias para formar las estructuras del universo tampoco habrían ocurrido de la forma que observamos.

La noción de que la temperatura de la CMB puede estar "ajustada finamente" dentro de un rango específico para permitir la evolución del universo tal como lo conocemos podría encajar en el marco más amplio del ajuste fino del universo.

A pesar de esto, no se ha explorado tanto este enfoque en cuanto a la temperatura de la CMB en particular, ya que los científicos generalmente la tratan como una huella del Big Bang, es decir, un residuo dejado tras los eventos inmediatamente posteriores a la expansión inicial.

En cuanto a la infalibilidad de las mediciones de la CMB, no debería tomarse como un dogma absoluto.

Aunque ha sido uno de los pilares de la cosmología moderna, es posible que futuras investigaciones ofrezcan nuevas perspectivas o incluso posibles ajustes en la interpretación de estos datos.

Es importante que estos datos no se presenten como una verdad inmutable sin considerar los márgenes de error o posibles interpretaciones alternativas, tal como sucede en muchos campos de la ciencia.

En definitiva, es posible que en el futuro se descubran más detalles sobre la CMB y su papel en el universo, que hoy en día no se comprenden del todo.

Estas son algunas explicaciones comunes y posibles sobre la temperatura de la Radiación de Fondo de Microondas (CMB):

1. **La temperatura de la CMB es un resultado inevitable de la teoría del Big Bang**:

o Esta es la explicación más aceptada en la ciencia. Según la teoría del Big Bang, el universo se expandió rápidamente desde un estado extremadamente caliente y denso. La CMB es el remanente de esa explosión, y su temperatura actual de 2.7 grados Kelvin es el resultado del enfriamiento que ha ocurrido desde entonces debido a la expansión del universo. La predicción de esta temperatura es una de las pruebas más sólidas en apoyo de la teoría del Big Bang.

2. **La temperatura de la CMB es una variable más**:

o Esta explicación, aunque es posible, no ha sido respaldada por evidencia sólida. La teoría de la "luz cansada", mencionada previamente en debates sobre el corrimiento al rojo, podría plantear que la temperatura de la CMB varía de manera no relacionada con la expansión del universo, pero esta teoría ha sido refutada por la mayoría de la comunidad científica debido a la falta de consistencia con las observaciones actuales.

3. **La temperatura de la CMB es una constante de ajuste fino**:

o Esta idea encaja con la noción del ajuste fino del universo, que sugiere que las constantes fundamentales del universo están cuidadosamente calibradas para permitir la existencia de vida. La temperatura de la CMB podría ser una de estas constantes "ajustadas". Sin embargo, esta idea es más filosófica o teológica que científica en este momento, y no se ha presentado evidencia que demuestre que la temperatura de la CMB tenga que estar finamente ajustada dentro de ciertos parámetros. Sin embargo, algunos defensores del diseño inteligente podrían ver esto como una señal de propósito en la estructura del universo.

Aunque la explicación del Big Bang es la más aceptada, las otras dos propuestas (variable o ajuste fino) permanecen como hipótesis marginales, no respaldadas por pruebas concretas. La investigación continúa para entender más sobre el CMB y sus implicaciones.

Fred Hoyle, un físico, ateo y matemático británico, propuso en 1983 un argumento basado en la improbabilidad estadística de que las condiciones exactas que hacen posible la vida en la Tierra se hayan producido por casualidad.

A través de lo que él llamó el "argumento de la improbabilidad", calculó probabilidades extremadamente bajas para que variables como la distancia de la Tierra al Sol, la inclinación de su eje y la composición de la atmósfera se hayan alineado al azar para permitir la vida.

Estos son los cálculos resultado de lo que hizo:

1. **Distancia de la Tierra al Sol**: Probabilidad de 1 en 10 con 46,000 ceros detrás de la coma.

2. **Inclinación del eje de la Tierra**: Probabilidad de 1 en 10 con 24,000 ceros detrás de la coma.

3. **Composición de la atmósfera**: Probabilidad de 1 en 10 con 10,000 ceros detrás de la coma.

Al multiplicar estas probabilidades, Hoyle llegó a una probabilidad de 1 en 10 con 119,000 ceros detrás de la coma para que todas estas condiciones se dieran de manera fortuita.

Críticas al argumento:

El cálculo de Hoyle ha sido objeto de críticas. Muchos científicos han argumentado que el enfoque de Hoyle simplificó en exceso los factores involucrados.

Por ejemplo, algunos creen que las probabilidades individuales de cada una de estas variables no son necesariamente independientes entre sí, y que ciertas características podrían estar vinculadas a procesos físicos que hacen que el resultado no sea completamente aleatorio.

En lugar de depender solo del azar, el universo podría estar condicionado por leyes naturales que guían la formación de sistemas estelares y planetarios.

Aplicación del concepto de ajuste fino:

Este tipo de razonamiento es parte del **principio del ajuste fino del universo**, que sugiere que las constantes físicas del universo están calibradas de manera precisa para permitir la vida. Aquellos que defienden el diseño inteligente o una perspectiva creacionista consideran que estos valores improbables son evidencia de un diseñador detrás del universo, mientras que los defensores de la teoría evolutiva y el Big Bang ven estas probabilidades como parte de un universo multiverso más amplio o aún como un producto natural de procesos cósmicos aún no completamente comprendidos.

En resumen, aunque el cálculo de Hoyle es llamativo y refuerza la idea de que la vida en la Tierra es extremadamente improbable desde un punto de vista estadístico, su enfoque ha sido debatido por su aparente simplificación y su uso dentro del contexto de un universo que podría tener procesos más profundos detrás de las coincidencias que permiten la vida.

La idea de los **multiversos** o universos múltiples es una de las teorías más debatidas y especulativas en la cosmología moderna.

Según esta hipótesis, nuestro universo sería solo uno de muchos otros universos posibles, cada uno con sus propias leyes físicas y constantes. El concepto de multiverso ha sido propuesto para abordar ciertos problemas en la cosmología, como la improbabilidad del ajuste fino del universo que permite la vida.

Esta teoría surge en parte como una respuesta a las preguntas sobre por qué nuestro universo parece estar tan perfectamente ajustado para la vida. Los defensores del multiverso argumentan que, si existen innumerables universos con diferentes leyes físicas, entonces no es sorprendente que al menos uno, como el nuestro, tenga las condiciones adecuadas para la vida. Según ellos, no habría necesidad de un diseño intencional; simplemente existiríamos en el universo afortunado.

Sin embargo, este enfoque ha sido ampliamente criticado, tanto por científicos como por pensadores filosóficos y teológicos.

Es irónico que algunos defensores del multiverso critiquen las creencias religiosas por basarse en la fe, mientras que su propia teoría también requiere una dosis considerable de ella.

La teoría del multiverso viola el principio de parsimonia o "la navaja de Occam", que sugiere que la explicación más sencilla suele ser la correcta. Para explicar el ajuste fino de nuestro universo, se postulan infinitos universos, lo cual introduce una complejidad inmensa sin ofrecer una solución clara.

Desde una **perspectiva bíblica y creacionista**, la idea de los multiversos puede parecer una necesidad del hombre moderno por encontrar explicaciones sin reconocer la posibilidad de un Creador. En este contexto, Romanos 1:22 es a menudo citado: "Profesando ser sabios, se hicieron necios". Esto resuena con la idea de que en su intento por explicarlo todo mediante teorías complicadas, algunos científicos ignoran la simplicidad y lógica que implica la existencia de un diseñador inteligente detrás de la creación.

El cálculo fue realizado por el físico y matemático británico Fred Hoyle en 1983. Hoyle era un ateo y creía que la vida en la Tierra era un milagro. Hoyle utilizó un método llamado "argumento de la improbabilidad" para calcular la probabilidad de que las variables finas que existen en la Tierra se hayan dado por casualidad. Este método consiste en calcular la probabilidad de que cada variable se haya dado por casualidad y luego multiplicar estas probabilidades.

El cálculo de Hoyle ha sido criticado por algunos científicos, quienes argumentan que es demasiado simplista. Sin embargo, el cálculo sigue siendo una herramienta útil para comprender la improbabilidad de la vida en la Tierra.

Hoyle no fue el único científico que realizó este cálculo. Otros científicos han realizado cálculos similares, con resultados similares.

Por ejemplo, el físico y matemático estadounidense Robert Jastrow calculó que la probabilidad de que la vida haya surgido en la Tierra es de aproximadamente 1 por 10 a las 10^{125}. Este cálculo es mucho más grande que el cálculo de Hoyle, pero aun así es una probabilidad muy baja.

Estos cálculos sugieren que la vida en la Tierra es un evento muy improbable. Esto ha llevado a algunos científicos a creer que la vida es un ajuste fino. Esto significa que las variables finas que existen en la Tierra son demasiado específicas para haberse dado por casualidad.

Sin embargo, también es posible que estas variables finas sean comunes en otros lugares del universo.

Solo el tiempo dirá si la vida en la Tierra es un ajuste fino o si es una ocurrencia común en el universo. O cuando se mueran verán el error en que estaban, que lo tenían todo ante sus narices, pero no quisieron aceptarlos.

Continuando con El corrimiento al rojo (Redshift) que es un fenómeno en el que la longitud de onda de la luz emitida por un objeto se estira, haciendo que la luz se desplace hacia el extremo rojo del espectro electromagnético.

Esto es interpretado generalmente como un indicador de que el objeto emisor se está alejando del observador, y se usa como una evidencia clave de la expansión del universo.

Sin embargo, el corrimiento al rojo puede verse afectado por varios factores, no solo por la expansión del universo:

1. **Movimiento de la fuente de luz (efecto Doppler):** Si la fuente de luz se está moviendo hacia o alejándose del observador, esto causa un corrimiento al rojo (si se aleja) o un corrimiento al azul (si se acerca). Este es el efecto Doppler, el cual es responsable de cambiar la longitud de onda percibida debido al movimiento relativo entre la fuente y el observador.

2. **Fuerza de gravedad (corrimiento al rojo gravitacional):** La gravedad también afecta el corrimiento al rojo. Según la relatividad general de Einstein, cuando la luz se aleja de un

objeto masivo, su frecuencia disminuye y su longitud de onda se alarga, lo que genera un corrimiento al rojo. Este fenómeno se conoce como corrimiento al rojo gravitacional y ha sido observado en la luz proveniente de estrellas y galaxias que están en proximidad a grandes campos gravitacionales.

3. **Medio a través del cual viaja la luz:** La luz que atraviesa diferentes medios puede ser dispersada o absorbida, lo que afecta su longitud de onda. Si la luz viaja a través de medios densos, como polvo o gas interestelar, puede sufrir interacciones que modifiquen su frecuencia, lo que puede simular un corrimiento al rojo adicional. Aunque no es la principal causa de los grandes corrimientos al rojo, esto puede ser un factor local en ciertos casos.

4. **Electromagnetismo y efectos del entorno:** El electromagnetismo, a través de la interacción con partículas cargadas en el medio interestelar, también podría afectar las propiedades de la luz. Esto podría cambiar su trayectoria o dispersar la luz en ciertas condiciones.

5. **Teoría de la luz cansada:** Esta es una teoría que fue propuesta originalmente por Fritz Zwicky en 1929, que sugería que la luz, al viajar grandes distancias, perdería energía debido a interacciones con partículas en el espacio, lo que causaría que su longitud de onda se alargue (corrimiento al rojo). Sin embargo, esta teoría ha sido en gran parte descartada, ya que no se ha podido encontrar evidencia convincente de este proceso y no explicaría de manera adecuada otros fenómenos observados, como el fondo cósmico de microondas.

Sobre la velocidad infinita de la luz en una dirección específica, no existe evidencia que apoye esta idea dentro de la física conocida. Según la teoría de la relatividad especial de Einstein, la velocidad de la luz en el vacío es constante y no puede ser superada ni por la luz misma.

La posibilidad de que lo que estamos viendo en el corrimiento al rojo sea un "reflejo de la luz" es una idea interesante, pero en el contexto de la astronomía y la cosmología, es poco probable que el corrimiento al rojo observado se deba a reflejos de la luz.

El corrimiento al rojo es un fenómeno que tiene diferentes causas y factores que lo pueden afectar, y no todos los tipos de corrimiento al rojo provienen necesariamente de la expansión del universo.

Aquí explico algunos aspectos importantes sobre las diferentes causas y factores que afectan al corrimiento al rojo:

1. **Corrimiento al rojo Doppler**: Se refiere a un cambio en la frecuencia de la luz o el sonido debido al movimiento relativo entre la fuente y el observador.

   En el contexto de la luz, cuando una fuente se aleja del observador, las longitudes de onda se estiran, y esto produce el efecto de corrimiento al rojo. Se observa en muchas galaxias y se utiliza para medir la velocidad a la que se alejan de nosotros.

2. **Corrimiento al rojo cosmológico**: Este fenómeno ocurre debido a la expansión del universo. A medida que el espacio-tiempo mismo se expande, la luz que viaja a través de él también se estira, lo que causa un corrimiento hacia el rojo.

   Este es uno de los pilares de la cosmología moderna y apoya la teoría del Big Bang.

3. **Corrimiento al rojo por dispersión (Redshift por dispersión)**: Se refiere al cambio en la longitud de onda debido a la interacción de la luz con el medio a través del cual viaja.

   A lo largo de miles de millones de años luz, la luz puede atravesar diferentes medios como polvo cósmico, gas interestelar, o campos electromagnéticos, que podrían modificar su longitud de onda. Aunque estos efectos generalmente son pequeños en comparación con el corrimiento al rojo cosmológico, pueden jugar un papel.

   El medio intergaláctico (gas y partículas entre galaxias) puede dispersar y absorber parte de la luz, afectando sus propiedades. Aunque se ha estudiado cómo el polvo interestelar en las galaxias puede producir corrimientos al rojo por dispersión, este efecto no es suficiente para explicar los enormes desplazamientos hacia el rojo que observamos en las galaxias más lejanas.

4. **Electromagnetismo y el tiempo/espacio**: El electromagnetismo, en teoría, también podría tener algún efecto en la luz a lo largo de grandes distancias. Algunas teorías especulan que campos electromagnéticos débiles en el espacio podrían interferir con el viaje de la luz, pero estas ideas aún no tienen suficiente evidencia para desafiar las explicaciones actuales basadas en la expansión del universo.

5. **Reflejos y paralajes**: La posibilidad de que estemos observando un reflejo de la luz en vez de la luz directa de una fuente es un tema complejo.

    Por ejemplo, la luz de estrellas o galaxias puede ser reflejada por polvo o gas en el espacio, lo que podría alterar las observaciones, pero esto no explicaría de manera sistemática el corrimiento al rojo observado en escalas cosmológicas.

    Paralaje es un efecto por el cual un objeto parece moverse respecto a un fondo cuando se observa desde diferentes puntos.

    En astronomía, se usa para medir distancias relativamente cercanas, pero no es un factor principal en el corrimiento al rojo cosmológico.

6. **Luminosidad estelar y calibración de cefeidas**: Las **cefeidas** son un tipo de estrella variable que se utiliza como una "vela estándar" para medir distancias en el universo.

    Cualquier error en la calibración de estas estrellas podría afectar las mediciones de distancia, y por lo tanto, las interpretaciones del corrimiento al rojo. Sin embargo, las observaciones más recientes han refinado estas calibraciones.

7. **La ciencia evoluciona**: la ciencia sigue avanzando, y lo que hoy entendemos podría cambiar en el futuro. Lo que

actualmente interpretamos como corrimiento al rojo causado por la expansión del universo se basa en modelos teóricos que han sido probados a lo largo del tiempo.

En resumen, el **corrimiento al rojo** puede ser afectado por múltiples factores, pero hasta ahora, la explicación más ampliamente aceptada para el corrimiento al rojo cosmológico es la expansión del universo.

Sin embargo, efectos como la dispersión y la absorción en medios intergalácticos, así como las propiedades electromagnéticas del espacio, son campos de investigación en curso que podrían arrojar más luz sobre este fenómeno en el futuro.

Las mediciones con El Corrimiento al Rojo yo la aceptara solo si el haz de luz viniera a través un tubo al vacío que lo protegiera de todos los factores previamente mencionados. En distancias cortas puede funcionar, pero no en distancias largas he demostrado que tengo todo el derecho de manifestar mis dudas e incertidumbres en aceptar esto como algo absoluto.

La inseguridad en las mediciones cosmológicas es un tema que incluso los propios científicos reconocen o deberían reconocer.

El **espacio no es un vacío perfecto**; en él existen partículas, campos gravitatorios y otros factores que pueden interferir con la luz. Aunque la cosmología intenta corregir por estos efectos, el margen de error siempre estará presente, y es legítimo cuestionarnos hasta qué punto las correcciones son suficientes para distancias extremadamente largas.

Las teorías de las ciencias que requieren más fe que la Creación, como el Big Bang y la formación de sistemas protoplanetarios, plantea un cuestionamiento válido desde una perspectiva creacionista.

Desde este punto de vista, se observa que muchas explicaciones cosmológicas actuales son especulativas y se presentan como si fueran hechos irrefutables, a pesar de que están basadas en **modelos matemáticos** y **observaciones indirectas**. De acuerdo con esta postura, se señala que tales teorías requieren **suposiciones** que, en muchos casos, no pueden ser observadas ni comprobadas directamente.

El **creacionismo bíblico** ofrece una explicación basada en la fe en la revelación divina. 1 Corintios 2:14 es un texto clave que explica por qué muchas de estas ideas científicas son vistas como "locura" desde una perspectiva espiritual, ya que se argumenta que las cosas de Dios solo pueden ser discernidas espiritualmente.

La frase "Big Bang Creacionista" refleja tu postura de reconciliar la ciencia y la Biblia en este sentido. La idea de que Dios dijo "hágase" y con ello comenzó la creación de todo el universo en un instante es una interpretación que busca conciliar la narrativa bíblica de la creación con el concepto de un evento inicial en la ciencia.

Los modelos científicos como la **formación protoplanetaria** y el **Big Bang** se basan en principios como la **gravedad**, la **fusión nuclear**, y otros fenómenos observados, pero gran parte de lo que se describe en la ciencia moderna sobre los orígenes del universo sigue siendo un conjunto de **teorías** con hipótesis que necesitan pruebas adicionales o mejores herramientas para ser verificadas completamente.

De hecho, algunos aspectos permanecen **inexplicables**, y la ciencia sigue ajustando sus modelos según se obtienen nuevos datos.

Este debate entre las perspectivas **creacionistas** y **evolucionistas** o **científicas** ha existido durante mucho tiempo y se sigue discutiendo. Mientras algunos prefieren una explicación científica de los eventos del origen del universo, otros encuentran en la **revelación divina** una explicación más coherente, y ambas requieren un cierto grado de fe en sus suposiciones fundamentales.

Finalmente, El corrimiento al rojo y el CMB es un fenómeno complejo que puede ser causado por una variedad de factores. Y…, con este método sucede lo mismo que con los radios isotopos: suposiciones (fe).

No debemos conformarnos cuando nos digan que recibieron una luz que estuvo viajando por tanto billones de años de luz, eso es fe de los científicos; tampoco cuando nos digan que un fósil tiene millones de años, eso es fe.

PARTE I: Evidencias Astronómicas y Cósmicas

3) El encogimiento del Sol:

El Sol pierde masa debido a la conversión de hidrógeno en helio a través de la fusión nuclear, un proceso que libera grandes cantidades de energía. A principios del siglo XX, Sir Arthur Eddington fue pionero en el estudio de la estructura interna del Sol y propuso que esta pérdida de masa es constante y parte de la vida natural de una estrella.

Mediciones modernas, especialmente gracias al Observatorio Solar y Heliosférico (SOHO), han demostrado que el Sol pierde aproximadamente 4.1 millones de toneladas de masa por segundo debido a los vientos solares y la radiación. Aunque no hay consenso sobre una reducción significativa del diámetro solar, algunas mediciones más antiguas sugirieron una tasa de encogimiento de aproximadamente 2 metros por hora, lo que llevó a ciertos científicos a postular que, en el pasado, el Sol habría sido mucho más grande.

Implicaciones para la Teoría Evolutiva:

Si extrapolamos la tasa de encogimiento propuesta por algunos estudios más antiguos, el Sol habría sido lo suficientemente grande hace varios millones de años como para hacer imposible la vida en la Tierra. Estos cálculos sugieren que el sistema Tierra-Sol, tal como lo conocemos, no podría haber existido en su forma actual durante más de 100,000 a 200,000 años sin que los efectos del tamaño y la radiación del Sol lo hicieran incompatible con la vida. Aunque estudios más recientes han puesto en duda esta tasa de encogimiento, sigue habiendo margen para el debate sobre la estabilidad del Sol a lo largo de largos periodos de tiempo.

Aunque las observaciones actuales sugieren que el encogimiento del Sol no es tan significativo como se pensaba, los estudios históricos que propusieron una tasa mayor invitan a reflexionar sobre la antigüedad del sistema Tierra-Sol. Este tipo de incertidumbres dentro de la ciencia solar abre la puerta a cuestionamientos sobre si el modelo evolutivo de miles de millones de años es compatible con las condiciones necesarias para la vida en la Tierra.

SOHO *Mission, NASA*: Este sigue siendo una fuente válida para las observaciones modernas sobre la masa y actividad del Sol. SOHO es una de las misiones clave para estudiar el comportamiento solar.

Gilliland, R. L. (1981). *Solar Radius Variations over the Last 265 Years. Astrophysical Journal*: Esta fuente trata sobre las variaciones del radio solar a lo largo del tiempo, y es útil para contextualizar las fluctuaciones en el tamaño del Sol.

Eddy, J. A., Boornazian, A. A. (1979). Variations in the Solar Diameter During the Past Three Centuries. Nature: Este estudio histórico es clave para respaldar la idea de una posible contracción del Sol, que fue relevante en algunos de los primeros cálculos.

Kuhn, J. R., Bush, R. I., Emilio, M., Scherrer, P. H. (2004). The Precise Solar Shape and Its Variability. Science: Proporciona datos recientes sobre la forma precisa del Sol y sus variaciones mínimas, lo cual respalda el análisis moderno.

4) El polvo cósmico en la Luna:

La delgada capa de polvo en la Luna sugiere que no ha estado acumulando material cósmico durante miles de millones de años, como se asume en los modelos evolutivos del universo. Antes del desembarco del Apolo 11 en 1969, muchos científicos especularon que la superficie de la Luna podría estar cubierta por una gruesa capa de polvo cósmico debido a su exposición al espacio durante miles de millones de años. Algunos cálculos, basados en la presunta antigüedad del sistema solar, predijeron que el polvo acumulado podría llegar a tener varios metros de profundidad, lo que habría representado un riesgo para los astronautas y el módulo lunar.

Sin embargo, cuando los astronautas del Apolo 11 alunizaron, encontraron una capa de polvo de solo unas pocas pulgadas de grosor, lo que desafió las expectativas de que la Luna hubiera estado acumulando polvo durante miles de millones de años.

Las huellas de los astronautas, fotografiadas en la superficie lunar, muestran una capa de polvo de aproximadamente 1 a 2 pulgadas (2.5 a 5 cm), lo que ha sido interpretado por algunos como una indicación de que la acumulación de polvo cósmico en la Luna es compatible con una cronología mucho más reciente, posiblemente de solo varios miles de años.

Implicaciones para la Teoría Evolutiva:

El cálculo de la cantidad de polvo cósmico en la Luna ha sido motivo de debate. Según estudios realizados antes de las misiones Apolo, la tasa de acumulación de polvo cósmico se estimaba en base a la cantidad de partículas de polvo que se cree que llegan a la Tierra y otros cuerpos celestes. Si estas estimaciones fueran correctas, la capa de polvo en la Luna debería haber sido mucho más profunda.

El hecho de que se encontrara una capa mucho más delgada de lo esperado sugiere que la Luna no ha estado expuesta al polvo cósmico durante los tiempos geológicos largos propuestos por los modelos de evolución planetaria.

Sin embargo, las mediciones posteriores sugieren que las tasas de acumulación de polvo cósmico podrían haber sido sobreestimadas inicialmente. Estudios modernos han ajustado estas cifras a rangos que coinciden con la capa de polvo observada. Aun así, la diferencia entre las expectativas originales y los datos observados continúa siendo citada por los defensores de una Tierra y un universo más jóvenes como una evidencia en contra de los modelos de miles de millones de años.

La cantidad limitada de polvo en la superficie lunar ha llevado a cuestionamientos sobre la cronología asumida para la antigüedad del sistema solar.

Aunque los modelos actuales han ajustado las tasas de acumulación de polvo, el hallazgo de una capa mucho más delgada de lo que se anticipaba en 1969 sigue siendo un punto de debate.

Para algunos, esta observación es consistente con un universo más joven, mientras que, para otros, los ajustes en las tasas de acumulación explican la discrepancia sin necesidad de modificar los modelos actuales.

Fuentes sugeridas para respaldar:

Whitten, R. C., & Poppoff, I. G. (1971). Lunar Dust Accumulation. NASA Report.

Hughes, D. W. (1975). *Theoretical and Observational Estimates of the Lunar Dust Flux. Monthly Notices of the Royal Astronomical Society, 170, 421–429.*

O'Keefe, J. A., & Urey, H. C. (1968). *Planetary Science: The Role of Dust in the Solar System. Science, 162(3859), 1100–1104.*

5) El retroceso de la Luna:

La Luna se aleja de la Tierra a una tasa de aproximadamente 3.78 centímetros por año debido a la transferencia de energía de la Tierra a la Luna a través de las mareas.

Este fenómeno tiene implicaciones importantes si lo extrapolamos hacia atrás en el tiempo. Si la Luna y la Tierra hubieran estado más cercanas en el pasado, las mareas habrían sido mucho más extremas, lo que podría haber hecho inviable la vida en la Tierra tal como la conocemos hoy.

Cálculo de la distancia en el pasado:

La distancia actual entre la Tierra y la Luna es de aproximadamente 384,400 kilómetros. Sabemos que la Luna se aleja de la Tierra a razón de 3.78 centímetros por año, lo que equivale a 0.0378 kilómetros por año. Podemos calcular la distancia aproximada entre la Tierra y la Luna hace un millón de años de la siguiente manera:

Distancia hace un millón de años = Distancia actual - (Tasa de alejamiento anual × Número de años transcurridos)

Distancia hace un millón de años = 384,400 km - (0.0378 km/año × 1,000,000 años)

Distancia hace un millón de años = 384,400 km - 37.8 km
Distancia hace un millón de años ≈ 346,600 km

Impacto en las mareas:

La fuerza gravitatoria entre dos cuerpos disminuye con el cuadrado de la distancia entre ellos. Por lo tanto, si la Luna hubiera estado aproximadamente 37,800 kilómetros más cerca de la Tierra hace un millón de años, la fuerza gravitatoria que ejerce sobre la Tierra habría sido significativamente mayor. En términos aproximados, la fuerza gravitatoria sería alrededor de un 30% más fuerte en ese momento.

Este aumento en la fuerza gravitatoria de la Luna habría generado mareas mucho más altas. Las mareas extremas tendrían un impacto devastador en los continentes y las zonas costeras. Las inundaciones habrían sido frecuentes, y el aumento en la fuerza de las mareas podría haber alterado significativamente la geografía costera, afectando también a los ecosistemas marinos y terrestres.

Consecuencias para los continentes y la vida:

Si extendemos este retroceso de la Luna hacia millones de años en el pasado, la cercanía de la Luna habría sido mucho mayor.

Hace unos mil millones de años, la Luna habría estado tan cerca de la Tierra que las mareas habrían sido catastróficas, lo que plantea serios problemas para el desarrollo de la vida y la estabilidad geológica. La energía liberada por estas mareas habría erosionado los continentes y alterado gravemente los patrones climáticos.

Esto contrasta con la teoría evolutiva de que la vida ha existido en la Tierra durante miles de millones de años, ya que las condiciones habrían sido extremadamente inestables para permitir el desarrollo y sustento de la vida tal como la conocemos.

El retroceso de la Luna a una tasa de 3.78 centímetros por año plantea interrogantes sobre la estabilidad del sistema Tierra-Luna a lo largo de millones de años. Las mareas causadas por una Luna significativamente más cercana habrían sido extremadamente altas, lo que habría tenido efectos dramáticos en los continentes y en la vida. Aunque este fenómeno es bien conocido, las implicaciones para la cronología evolutiva son un punto de debate, ya que las condiciones necesarias para la vida podrían no haber sido viables si extrapolamos este retroceso durante largos periodos de tiempo.

Fuentes que pueden considerar:

Williams, J. G., Boggs, D. H. (2016). Tides, Eccentricity, and the Evolution of the Earth-Moon System. Journal of Geophysical Research: Planets, 121(10), 14–29.

George Darwin, son of Charles Darwin, proposed the early theory of tidal friction and the gradual recession of the Moon from the Earth in the 19th century. His work is foundational in understanding the Earth-Moon system.

6) Enfriamiento de Júpiter y Saturno:

Júpiter y Saturno, los dos gigantes gaseosos del sistema solar, están emitiendo más calor del que reciben del Sol. Esto se debe a la radiación de calor interno generado por procesos gravitacionales y de contracción. Si estos planetas fueran tan antiguos como sugieren los modelos evolutivos (miles de millones de años), deberían haber perdido la mayor parte de este calor y estar mucho más fríos de lo que observamos hoy en día. Este hecho sugiere que estos planetas podrían ser más jóvenes de lo que se cree.

Evidencia del Enfriamiento:

Júpiter y Saturno emiten más calor del que reciben del Sol debido a un fenómeno conocido como "contracción de Kelvin-Helmholtz".

Este proceso implica que los planetas siguen liberando el calor residual de su formación. En el caso de Júpiter, la energía emitida es aproximadamente 1.6 veces la energía que recibe del Sol.

Saturno también emite más energía de la que recibe, lo que plantea preguntas sobre la longevidad de este proceso. Según los modelos actuales, estos planetas han estado perdiendo calor durante miles de millones de años.

Si los modelos evolutivos son correctos, estos planetas deberían haberse enfriado significativamente en ese tiempo, pero su continua emisión de calor sugiere que podría haber factores adicionales o que su cronología de formación es más reciente de lo que se supone.

Algunos modelos actuales intentan explicar esta emisión continua de calor a través de mecanismos internos, como la precipitación de helio en Saturno, pero las observaciones aún no coinciden completamente con estos modelos, lo que abre espacio para el debate.

El Caso de Io, una Luna de Júpiter:

Io, una de las lunas de Júpiter, es otro ejemplo intrigante. Esta luna está en constante interacción gravitatoria con Júpiter, y como resultado, sufre intensas fuerzas de marea que provocan actividad volcánica y la pérdida de material hacia el espacio y posiblemente hacia el planeta.

Si tanto Io como Júpiter fueran tan antiguos como se sugiere, es probable que Io ya hubiese perdido gran parte de su material o incluso habría colapsado hacia Júpiter debido a las fuerzas gravitatorias y de marea.

La actividad volcánica continua en Io y la relación gravitacional entre Io y Júpiter son indicativos de un sistema dinámico y activo. La pregunta es: ¿podría este sistema haber existido durante miles de millones de años sin que Io se desestabilizara por completo?

Implicaciones a la Cronología del Sistema Solar:

El hecho de que tanto Júpiter como Saturno aún emitan tanto calor y que Io mantenga su actividad volcánica sugiere que estos cuerpos celestes pueden no ser tan antiguos como indican los modelos convencionales. Si Júpiter y Saturno tuvieran miles de millones de años, se esperaría que su enfriamiento hubiera progresado hasta un punto de estabilidad térmica mucho mayor. Del mismo modo, Io debería haber perdido gran parte de su material o haber sufrido alteraciones mucho más severas. Estas observaciones, aunque no definitivas, abren una discusión sobre la cronología real del sistema solar.

El continuo enfriamiento de Júpiter y Saturno, junto con la actividad dinámica de Io, plantea interrogantes sobre la edad del sistema solar. Aunque los modelos actuales intentan explicar estos fenómenos, no está claro si estas explicaciones son suficientes para sostener una cronología de miles de millones de años.

Las evidencias observacionales sugieren que es posible que los gigantes gaseosos y algunos de sus satélites sean más jóvenes de lo que se ha propuesto.

Fuentes sugeridas para respaldar:

Guillot, T., & Gautier, D. (2014). Giant Planets Formation and Evolution. Annual Review of Astronomy and Astrophysics, 33, 493–530.

Peale, S. J., Cassen, P., & Reynolds, R. T. (1979). Io's Volcanism: Its Implications for Satellite Evolution. Science, 203(4383), 892–894.

Stevenson, D. J., & Salpeter, E. E. (1977). The Helium Abundance in Saturn and Jupiter. Astrophysical Journal Supplement Series, 35, 221–237.

7) Transformación de Sirio:

La estrella Sirio, la más brillante del cielo nocturno, ha sido observada por astrónomos durante miles de años. Los astrónomos antiguos, como Ptolomeo, anotaron que Sirio aparecía de color rojo. Sin embargo, hoy en día, cuando observamos Sirio, la vemos como una estrella de color blanco-azulado.

Este cambio de color en un periodo relativamente corto ha sido motivo de debate, ya que, según los modelos estelares actuales, el cambio de una estrella de color rojo a blanco debería tomar miles o incluso millones de años.

Evidencia histórica y científica:

Hace aproximadamente 2,000 años, astrónomos de civilizaciones antiguas, incluidos los griegos, chinos y romanos, describieron a Sirio como una estrella roja. Estos registros son consistentes en varias culturas y sugieren que Sirio pudo haber sido percibida como una estrella roja en esa época. Sin embargo, hoy en día, Sirio es una estrella blanca-azulada de tipo espectral A1V, lo que significa que es una estrella joven, caliente y masiva, con una temperatura superficial de unos 9,940 K.

Este cambio de color en un lapso tan corto plantea preguntas sobre la evolución estelar. Las teorías actuales sugieren que las estrellas cambian de color a medida que envejecen, pasando por diferentes fases de evolución estelar.

Las estrellas rojas son generalmente más viejas y frías (gigantes rojas), mientras que las estrellas blancas-azuladas son más jóvenes y calientes. El cambio de una estrella roja a blanca en unos pocos siglos, como se ha observado con Sirio, parece desafiar las escalas de tiempo evolutivas de las estrellas, que suelen ser de miles o millones de años.

Posibles explicaciones:

Efectos atmosféricos: Algunos astrónomos sugieren que el cambio en la apariencia de Sirio podría deberse a efectos atmosféricos en la Tierra. En el pasado, los astrónomos utilizaban técnicas de observación más rudimentarias y no contaban con la tecnología moderna, lo que podría haber influido en la percepción del color de Sirio.

Binario Sirio B: Sirio es, en realidad, un sistema estelar binario compuesto por Sirio A (la estrella blanca-azulada visible) y Sirio B, una enana blanca más pequeña y menos brillante. Algunas hipótesis sugieren que la enana blanca Sirio B podría haber influido en la percepción de Sirio en el pasado. Sin embargo, Sirio B es muy tenue en comparación con Sirio A y no sería lo suficientemente brillante como para haber causado un cambio aparente en el color.

Limitaciones en la observación: Otro enfoque sugiere que los astrónomos antiguos pudieron haber cometido errores de interpretación debido a la falta de equipos avanzados y al posible malentendido de los colores estelares. También es posible que otros factores, como la absorción atmosférica o la visión desde ciertas latitudes, hayan influido en la percepción del color de Sirio.

Implicaciones para los tiempos evolutivos:

El hecho de que Sirio aparentemente haya cambiado de color en un periodo tan corto plantea preguntas sobre la evolución estelar tal como la entendemos.

Según los modelos estándar, una estrella no debería pasar de roja a blanca en tan solo unos siglos. Si realmente Sirio hubiera cambiado de color tan rápidamente, esto sugeriría que algunos procesos estelares podrían ser más rápidos de lo que se pensaba, o que algunos modelos estelares necesitan ser revisados.

El cambio en la apariencia de Sirio, de rojo a blanco, en un corto periodo de tiempo es un fenómeno que desafía las expectativas evolutivas tradicionales para las estrellas.

Aunque algunas explicaciones sugieren que el cambio de color podría deberse a factores externos como los efectos atmosféricos, sigue siendo un tema de debate.

Si este fenómeno es real, podría indicar que los modelos de evolución estelar no son tan completos como creemos y que podrían existir procesos más rápidos de lo que se propone en los modelos de miles de millones de años.

Fuentes sugeridas para respaldar:

Kunitzsch, P. (1990). The Star Sirius in Astronomy and Mythology. Journal for the History of Astronomy, 21(1), 1–17.

Eggen, O. J. (1961). The Distance of Sirius. Astrophysical Journal, 133, 243–252.

Holberg, J. B. (2007). Sirius: Brightest Diamond in the Night Sky. Springer-Praxis Books in Astronomy and Space Sciences.

8) Evidencia de radiación cósmica:

La radiación de fondo cósmica (CMB, por sus siglas en inglés) es el remanente térmico del Big Bang, una especie de "eco" que llena todo el universo.

Esta radiación ha sido ampliamente estudiada para entender la edad y evolución del cosmos. Según el modelo del Big Bang y la teoría de la evolución cósmica, se espera que la CMB esté uniformemente distribuida y que su temperatura haya disminuido considerablemente, reflejando un universo que ha estado enfriándose durante miles de millones de años.

El problema que se plantea es que la radiación de fondo no es completamente homogénea ni ha alcanzado el nivel de "enfriamiento" que esperaríamos si el universo tuviera miles de millones de años.

Las fluctuaciones de temperatura en la CMB, detectadas por misiones como COBE (*Cosmic Background Explorer*) y WMAP (*Wilkinson Microwave Anisotropy Probe*), revelan una estructura compleja que no encaja perfectamente con las predicciones de un universo extremadamente antiguo.

Evidencia y análisis:

La temperatura actual de la radiación de fondo cósmica es de aproximadamente 2.725 K (grados Kelvin), una temperatura extremadamente baja, pero que aún contiene fluctuaciones pequeñas, del orden de microkelvins (milésimas de un grado Kelvin). Estas fluctuaciones han sido interpretadas como "semillas" de la estructura a gran escala del universo, como las galaxias y cúmulos de galaxias.

Sin embargo, algunos defensores de una cronología más reciente del universo argumentan que estas fluctuaciones y la temperatura aún no homogénea sugieren que el universo podría ser más joven de lo que indican los modelos actuales.

Si el universo fuera realmente de miles de millones de años, la radiación de fondo debería haberse enfriado aún más y debería ser mucho más uniforme. El hecho de que todavía observemos estas variaciones de temperatura y una estructura en la CMB ha llevado a algunos científicos a proponer la necesidad de revisar ciertos aspectos del modelo cosmológico estándar.

Analogía:

Es como si dejaras una taza de café caliente en una habitación fría. Si revisas la taza después de muchas horas, esperarías que el café se haya enfriado casi por completo. Pero si, al cabo de esas muchas horas, el café aún está tibio y presenta variaciones de temperatura en diferentes puntos, te haría cuestionar si realmente ha pasado tanto tiempo como creías. Del mismo modo, las fluctuaciones observadas en la radiación de fondo sugieren que tal vez el universo no ha existido durante miles de millones de años.

Implicaciones para la edad del universo:

Las fluctuaciones en la temperatura de la CMB y su falta de homogeneidad perfecta no se ajustan de manera simple al modelo de un universo extremadamente antiguo. Algunos defensores de una cosmología más reciente argumentan que esta radiación podría ser evidencia de un universo más joven, en el rango de decenas o cientos de miles de años, en lugar de miles de millones. Sin embargo, es importante señalar que las interpretaciones convencionales atribuyen estas fluctuaciones a los primeros momentos del Big Bang, cuando el universo todavía se estaba expandiendo rápidamente.

La temperatura actual y las fluctuaciones observadas en la radiación de fondo cósmica generan preguntas sobre la verdadera edad del universo. Aunque los modelos convencionales intentan explicar estas irregularidades como parte de la evolución del cosmos desde el Big Bang.

Algunos científicos y defensores de modelos alternativos o cosmologías más recientes han cuestionado ciertos aspectos de la cronología cosmológica estándar, aunque estos enfoques tienden a estar en el ámbito de teorías que no son mayoritariamente aceptadas por la comunidad científica convencional. A continuación, menciono algunos científicos e instituciones que han propuesto teorías que pueden sugerir un universo más joven, así como los aspectos específicos de la cronología que cuestionan:

a) Instituto de Investigación de la *Creación (Institute for Creation Research, ICR):*

El ICR es una organización que promueve una visión del universo basada en una interpretación literal de la Biblia. Los científicos afiliados a esta institución suelen argumentar que el universo tiene menos de 10,000 años, según su interpretación de las Escrituras. Una de las críticas que hacen es hacia la uniformidad del Big Bang y la antigüedad estimada del universo. Cuestionan el enfriamiento de la radiación de fondo cósmica y sugieren que podría haber sido influenciada por factores que no se explican en los modelos actuales.

b) *Answers in Genesis (AiG):*

Otra organización creacionista, AiG también ha promovido modelos que sugieren un universo joven. Argumentan que las fluctuaciones en la radiación de fondo y otros problemas en la cosmología estándar (como la materia oscura y la energía oscura, que no se entienden completamente) son indicios de que la cronología cosmológica puede estar equivocada. AiG sostiene que los modelos actuales no explican adecuadamente cómo el universo alcanzó su estado actual en miles de millones de años y que la radiación de fondo cósmica podría apoyar un universo joven bajo ciertas interpretaciones.

c) Dr. John Hartnett:

El Dr. Hartnett es un físico y cosmólogo conocido por su trabajo en cosmología y su postura creacionista. Ha argumentado que el modelo cosmológico estándar basado en el Big Bang tiene problemas no resueltos, como la necesidad de ajustar parámetros para que coincidan con las observaciones. Uno de sus enfoques es la teoría de la relatividad de Robert Gentry, que sugiere que el universo podría haberse expandido más rápidamente de lo que se cree, permitiendo una cronología más reciente.

d) Dr. Danny Faulkner:

Astrofísico y defensor de la cosmología creacionista, Faulkner ha argumentado que las fluctuaciones en la radiación de fondo cósmica y otros datos no coinciden con los tiempos cosmológicos convencionales. Faulkner ha propuesto que estos problemas pudieran señalar una falta de comprensión en la forma en que interpretamos la expansión del universo y la edad estimada.

e) El modelo cosmológico de plasma:

Aunque no es exactamente una teoría que proponga un universo joven, el modelo cosmológico del plasma, promovido por científicos como Hannes Alfvén, ofrece una explicación alternativa al Big Bang y sugiere que el universo podría no tener un inicio definido, lo que cuestiona la necesidad de un tiempo extremadamente largo de evolución cósmica.

Si bien este modelo no ha ganado aceptación general, sugiere que las interpretaciones actuales del enfriamiento y las fluctuaciones de la radiación de fondo cósmica podrían necesitar revisión.

Aspectos que se cuestionan en la cronología cosmológica estándar:

a) Uniformidad de la radiación de fondo cósmica:

Aunque las fluctuaciones en la CMB han sido interpretadas como "semillas" de la formación de galaxias, algunos científicos han cuestionado por qué la radiación no es más homogénea si el universo tiene miles de millones de años de expansión. Un universo más joven podría explicar la falta de un mayor "alisado" de la radiación.

b) Problema del horizonte:

El problema del horizonte plantea que diferentes regiones del universo, que no deberían haber tenido tiempo de interactuar entre sí debido a las limitaciones de la velocidad de la luz, muestran la misma temperatura. Algunos científicos críticos con el modelo estándar sugieren que un universo más joven o un mecanismo alternativo podría explicar este fenómeno. O sea, buscarle una explicación que satisfaga sus creencias de que el universo tenga todos los billones de años que dicen muchos que tienen.

c) Materia oscura y energía oscura:

El 95% del universo parece estar compuesto de materia y energía que *no podemos observar directamente*. Las cosmologías más recientes, como las promovidas por los defensores del diseño inteligente o los creacionistas, sugieren que estas incógnitas en el modelo estándar pueden indicar que no entendemos completamente el proceso de formación del universo, y que la cronología podría necesitar revisión si no se resuelven estos problemas.

d) Inflación cósmica:

La inflación cósmica es una teoría que explica cómo el universo se expandió extremadamente rápido en sus primeros momentos.

Sin embargo, esta teoría tiene problemas de ajuste, ya que requiere condiciones iniciales muy precisas. Algunos modelos de cosmología alternativa sugieren que la inflación no es necesaria, y que su inclusión en el modelo estándar introduce suposiciones adicionales que podrían cuestionarse.

9) Evolución estelar acelerada:

La evolución estelar describe el proceso de cambios que experimentan las estrellas a lo largo de su vida, desde su formación hasta su etapa final como enanas blancas, estrellas de neutrones o agujeros negros.

Este proceso, según los modelos evolutivos estándar, debería ocurrir a lo largo de millones o incluso miles de millones de años. Sin embargo, en la actualidad se han observado transformaciones estelares que parecen estar ocurriendo mucho más rápido de lo que los modelos tradicionales predicen.

Observaciones de Transformaciones Rápidas:

Existen casos recientes donde estrellas han mostrado cambios dramáticos en color, luminosidad y tamaño en periodos mucho más cortos de lo esperado. Un ejemplo notable es el comportamiento de algunas estrellas variables y supergigantes, cuyos cambios de estado se han documentado en un lapso de pocos siglos o incluso décadas. Según los modelos estándar de evolución estelar, estos tipos de transformaciones deberían tomar miles o millones de años.

Este fenómeno es comparable a ver una roca erosionarse en cuestión de años cuando el proceso debería tomar mucho más tiempo según las leyes geológicas comunes.

De manera similar, la rápida evolución de ciertas estrellas sugiere que algunos de los mecanismos internos de las estrellas podrían estar funcionando de manera diferente o más rápida de lo que tradicionalmente se ha asumido.

Ejemplos de Estrellas de Evolución Rápida:

Betelgeuse, una supergigante roja en la constelación de Orión, ha mostrado cambios significativos en su brillo en los últimos años.

Aunque Betelgeuse está en la fase final de su vida, los modelos no predijeron cambios tan rápidos.

Su oscurecimiento repentino y parcial recuperación han llevado a algunos astrónomos a reconsiderar los tiempos que se proponen para estos fenómenos.

V Hydrae, una estrella gigante roja, también ha experimentado variaciones rápidas en su luminosidad, lo que ha sorprendido a los científicos.

Se ha observado que esta estrella ha expulsado grandes cantidades de material en relativamente cortos periodos de tiempo, lo que nuevamente desafía los modelos de evolución estelar.

Implicaciones para los Tiempos Evolutivos Estelares:

Estos cambios rápidos observados en estrellas sugieren que algunos procesos estelares no requieren millones de años, como se ha pensado tradicionalmente. La evolución estelar acelerada plantea interrogantes sobre la precisión de los modelos actuales, que predicen transformaciones extremadamente lentas.

Si las estrellas pueden cambiar de manera tan significativa en un periodo de tiempo mucho más corto, entonces los modelos que dependen de procesos a largo plazo podrían necesitar ser revisados.

Además, estos ejemplos de rápida evolución estelar podrían estar indicando que ciertos mecanismos internos, como la pérdida de masa, la actividad magnética o los procesos nucleares, podrían estar ocurriendo a ritmos más rápidos de lo estimado.

Esto abre la posibilidad de que los periodos de tiempo propuestos para la vida y la evolución de las estrellas, y por extensión, el universo, podrían ser más cortos de lo que sugiere la teoría estándar.

Fuentes sugeridas donde buscar respaldo:

Dupree, A. K., & Stefanik, R. P. (2017). Betelgeuse: Eruptions, Evolution, and Nearby Neighbors. Annual Review of Astronomy and Astrophysics, 55, 95-122.

Ueta, T., et al. (2006). *High-Resolution Imaging of the Expanding Dust Shell around V Hydrae.* Astrophysical Journal Letters, 648(1), L39-L42.

Levesque, E. M., & Massey, P. (2010). *Betelgeuse Just Knocked Itself Down a Couple of Notches: The Recent Outburst and Evolution of a Red Supergiant.* Astronomical Journal, 140(5), 1419-1426.

10) Supernovas recientes:

Las supernovas son explosiones masivas que marcan el final de la vida de estrellas grandes y masivas. Cuando una estrella explota en una supernova, deja un remanente observable, compuesto por material interestelar disperso, como nebulosas, así como residuos como estrellas de neutrones o agujeros negros. Estos remanentes pueden ser visibles durante decenas de miles de años.

Si el universo tiene miles de millones de años, como sugiere la evolución cosmológica, deberíamos observar una gran cantidad de estos remanentes de supernovas.

Dado que las estrellas masivas tienen ciclos de vida relativamente cortos, deberían haber explotado en grandes números a lo largo de los miles de millones de años de existencia del universo. Sin embargo, lo que observamos es una escasez de remanentes de supernovas, lo que sugiere que no ha habido suficiente tiempo para que muchas estrellas exploten y dejen estos residuos.

Evidencia de la escasez de remanentes de supernovas:

La cantidad de remanentes de supernovas observados es menor de lo esperado según los modelos que proponen un universo de miles de millones de años. Según estimaciones, en una galaxia como la Vía Láctea debería haber una supernova cada 50 años aproximadamente. Esto implica que, en los últimos millones de años, deberían haber ocurrido miles de supernovas, dejando un gran número de remanentes visibles. Sin embargo, los astrónomos solo han identificado alrededor de 300 remanentes en nuestra galaxia, lo cual es significativamente menor de lo esperado.

Un ejemplo es la supernova SN 1987A, una de las más recientes y mejor estudiadas, que dejó un remanente visible en la Gran Nube de Magallanes.

Este tipo de eventos es relativamente raro y los remanentes de supernovas conocidos son limitados, lo que no concuerda con la frecuencia de explosiones estelares esperada en un universo que supuestamente ha existido por miles de millones de años.

Implicaciones para la edad del universo:

La discrepancia entre la cantidad observada de remanentes de supernovas y la cantidad que se espera según los modelos de un universo antiguo sugiere que las estrellas no han tenido suficiente tiempo para explotar en gran número. En otras palabras, la cantidad de restos observados parece ser más consistente con un universo más joven, en el que las estrellas masivas no han existido el tiempo suficiente para dejar tantos residuos.

Además, los remanentes de supernovas tienden a dispersarse y volverse difíciles de detectar con el tiempo, lo que complica aún más el hecho de que no se observe una gran cantidad de ellos. Si el universo tuviera miles de millones de años, deberíamos encontrar una mayor cantidad de remanentes más recientes y visibles, lo que cuestiona los modelos cosmológicos tradicionales.

Fuentes sugeridas:

Green, D. A. (2019). A revised Galactic supernova remnant catalogue. Journal of Astrophysics and Astronomy, 40(4).

Clark, D. H., & Caswell, J. L. (1976). A study of galactic supernova remnants. I - The large-scale distribution outside the solar circle. Monthly Notices of the Royal Astronomical Society, 174, 267-305.

Arnett, W. D., Babcall, J. N., Kirshner, R. P., & Woosley, S. E. (1989). Supernova 1987A. Annual Review of Astronomy and Astrophysics, 27, 629-700.

11) Polvo interplanetario:

El polvo interplanetario está compuesto por partículas pequeñas que flotan en el espacio entre los planetas, provenientes principalmente de cometas, asteroides y otras fuentes en el sistema solar. Estas partículas, aunque pequeñas, se acumulan gradualmente en las superficies de los planetas y lunas.

Según la teoría estándar que propone que el sistema solar tiene miles de millones de años, deberíamos observar una acumulación significativa de este polvo en lugares donde no hay agentes de erosión, como en la Luna, donde no hay viento ni agua que puedan eliminarlo.

Evidencia observada:

Sin embargo, las observaciones realizadas durante las misiones Apolo revelaron que la cantidad de polvo acumulado en la Luna es mucho menor de lo que se esperaría si la Luna hubiera estado acumulando polvo durante miles de millones de años. Antes de las misiones Apolo, algunos científicos predijeron que los astronautas podrían encontrarse con una capa de polvo de varios metros de espesor, lo cual planteaba serios desafíos para el aterrizaje. Sin embargo, las misiones revelaron que la capa de polvo era extremadamente delgada, apenas de unos milímetros.

Estimaciones de acumulación de polvo:

Se estima que el polvo interplanetario se acumula en la Luna a una tasa de 14,300 toneladas por año. Si extrapolamos esta tasa a lo largo de miles de millones de años, deberíamos observar una capa significativa de polvo acumulado. Sin embargo, las mediciones realizadas durante las misiones Apolo no coinciden con estas predicciones, ya que encontraron una capa de polvo mucho más delgada, lo que sugiere que el proceso de acumulación ha estado ocurriendo durante un período de tiempo mucho más corto de lo que se espera en un sistema solar de esa edad.

Implicaciones para la edad del sistema solar:

La delgada capa de polvo observada en la Luna plantea serias dudas sobre la edad atribuida al sistema solar. Si el sistema solar tuviera miles de millones de años, la cantidad de polvo acumulado debería ser considerablemente mayor. Esta discrepancia sugiere que el sistema solar podría ser mucho más joven de lo que se propone en los modelos evolucionistas.

De hecho, por eso El Módulo Lunar que alunizó en la misión **Apolo 11**, la primera en llevar humanos a la Luna fue llamado **Eagle**. El **Eagle** fue diseñado con **patas largas y extendidas** porque algunos científicos en la década de 1960 estimaban que la superficie lunar podría estar cubierta por una gruesa capa de polvo cósmico, lo que haría que la nave se hundiera o enfrentara dificultades para aterrizar. Sin embargo, al alunizar, descubrieron que la capa de polvo era mucho más delgada de lo que se pensaba, lo cual fue una sorpresa, dado que algunos habían predicho que podría haber varios metros de polvo acumulado a lo largo de miles de millones de años.

El polvo interplanetario no solo se acumula en la Luna, sino también en otros cuerpos del sistema solar, como los asteroides y los satélites de otros planetas. La ausencia de grandes cantidades de polvo acumulado en estos cuerpos también refuerza la idea de que el sistema solar no ha existido durante los largos períodos de tiempo que comúnmente se aceptan.

Contraargumentos comunes:

Algunos argumentan que ciertos procesos, como la actividad volcánica lunar o el impacto de meteoritos, podrían redistribuir o eliminar el polvo, explicando por qué no hay una gran cantidad acumulada.

Sin embargo, en la Luna, estos procesos son limitados y no explican completamente la ausencia de una capa significativa de polvo interplanetario.

Conclusión: La cantidad de polvo interplanetario acumulado en la Luna y otros cuerpos del sistema solar es incompatible con la idea de que el sistema solar tiene miles de millones de años.

Fuentes que respaldan el argumento:

Simpson, J. A., & Bowhill, S. A. (1975). Interplanetary Dust Particles Collected on the Lunar Surface. Science, 188(4184), 1295-1296.

Brownlee, D. E., & Hemenway, C. L. (1975). Lunar Dust: A Cosmic Perspective. Proceedings of the Lunar and Planetary Science Conference, 6, 3881-3888.

Geiss, J. (1973). The lunar atmosphere and the dust flux. Philosophical Transactions of the Royal Society of London. Series A, Mathematical and Physical Sciences, 274(1239), 271-280.

12) Alineación de los planetas:

La alineación y los movimientos de los planetas en el sistema solar proporcionan evidencia que cuestiona los tiempos propuestos por la evolución del sistema solar.

Según el modelo evolutivo, los planetas del sistema solar se formaron hace unos 4.6 mil millones de años a partir de un disco de polvo y gas que orbitaba alrededor del Sol. Algo que contradice muchas leyes físicas, pues se supone que se compactaron debido a ciertas fuerzas, pero resulta que estas dependen de la masa y del cuadrado de sus distancias, y bueno eso es otro tema físico que no es la idea del presente libro. Por ese razonamiento y otro semejante del Padre Carreira llamó hasta estúpido a Hawking, enfrentamiento entre dos físicos teóricos, uno creyente y otro creyente.

Durante ese extenso periodo, las interacciones gravitatorias entre los planetas deberían haber causado ciertas desalineaciones y cambios caóticos en sus órbitas.

Evidencia observada:

A pesar del largo tiempo propuesto para la existencia del sistema solar, las órbitas de los planetas siguen siendo relativamente estables y organizadas.

No se observan las desalineaciones caóticas que uno esperaría debido a las interacciones gravitatorias prolongadas entre los cuerpos planetarios.

Este hecho sugiere que las fuerzas gravitacionales entre los planetas, a lo largo de miles de millones de años, no han causado los efectos que esperaríamos.

En particular, los planetas Urano y Neptuno presentan inclinaciones orbitales que no encajan bien en el modelo evolutivo estándar. Urano, por ejemplo, tiene una inclinación axial extrema de casi 98 grados, lo que sugiere que su historia orbital no sigue un patrón esperable si hubiera estado orbitando por miles de millones de años en un sistema solar tan antiguo y estable.

Estabilidad orbital:

Los estudios sobre la dinámica orbital de los planetas muestran que las interacciones gravitatorias a largo plazo deberían haber causado una mayor desorganización en sus órbitas.

Si el sistema solar realmente tuviera miles de millones de años, deberíamos ver efectos significativos, como resonancias caóticas o colisiones entre cuerpos más pequeños, además de órbitas desordenadas.

Sin embargo, lo que observamos es una estabilidad relativa en las órbitas de los planetas, lo que sugiere que el sistema solar es más joven de lo que se propone.

Las órbitas siguen siendo organizadas y regulares, lo cual es incompatible con un sistema que ha existido durante tanto tiempo bajo el efecto de influencias gravitacionales continuas y acumulativas.

Modelos cuestionados:

Además de las órbitas, las inclinaciones orbitales de algunos planetas, como las de Urano y Neptuno, siguen siendo un enigma para los modelos evolutivos de formación planetaria.

Estas inclinaciones inusuales no se explican fácilmente dentro del marco del modelo de formación del sistema solar en 4.6 mil millones de años. El modelo evolutivo sugiere que las colisiones y los eventos caóticos debieron haber afectado a estos planetas en sus primeras etapas de formación. Sin embargo, los detalles sobre cómo estos eventos pudieron haber ocurrido y sus efectos no están claros en el modelo estándar, y parecerían que son aceptados por fe.

Implicaciones para la edad del sistema solar:

La estabilidad observada en las órbitas de los planetas, junto con las inclinaciones orbitales anómalas, sugiere que el sistema solar no ha existido por miles de millones de años. Los efectos acumulativos de la gravedad y las colisiones que esperaríamos observar en un sistema tan antiguo no se manifiestan de la manera esperada. Esto abre la posibilidad de que el sistema solar tenga una historia mucho más reciente de lo que sugieren los modelos actuales.

Fuentes sugeridas para fortalecer el argumento:

Chambers, J. E. (1999). A hybrid symplectic integrator that permits close encounters between massive bodies. Monthly Notices of the Royal Astronomical Society, 304(4), 793-799.

Laskar, J. (1989). A numerical experiment on the chaotic behaviour of the solar system. Nature, 338(6212), 237-238.

Gomes, R., et al. (2005). Origin of the cataclysmic Late Heavy Bombardment period of the terrestrial planets. Nature, 435(7041), 466-469.

Parte II: Evidencias Geológicas

13) La erosión de los continentes:

La erosión de los continentes es un proceso natural que ocurre continuamente debido a la acción del agua, el viento y otros factores ambientales. Cada año, se estima que unos 25 mil millones de toneladas de sedimentos son arrastrados de los continentes y depositados en los océanos.

A las tasas actuales de erosión, los continentes deberían haberse desgastado hasta el nivel del mar en menos de 20 millones de años, incluso considerando los procesos tectónicos que elevan las montañas y otros terrenos elevados.

Sin embargo, aún existen montañas altas y grandes extensiones de tierra firme, lo que plantea serias dudas sobre la cronología propuesta por los modelos evolucionistas.

Evidencia observada:

Tasas de erosión: Se ha calculado que unos 25 mil millones de toneladas de sedimentos son arrastrados anualmente desde los continentes hacia los océanos. A este ritmo, la tierra firme debería erosionarse completamente en aproximadamente 20 millones de años. Si la Tierra tuviera miles de millones de años, como sugiere la teoría evolucionista, los continentes ya habrían sido erosionados hasta el nivel del mar varias veces.

Sedimentos en el fondo de los océanos: Dado el enorme volumen de sedimentos que se deposita en los océanos cada año, esperaríamos encontrar capas de sedimentos de varios kilómetros de profundidad en el fondo oceánico si la Tierra tuviera miles de millones de años.

Sin embargo, lo que se observa es una capa de sedimentos relativamente delgada, de solo unos pocos centenares de metros en la mayoría de los casos.

Esto sugiere que el tiempo durante el cual los continentes han estado erosionándose y depositando sedimentos en los océanos es mucho más corto de lo que se predice en los modelos geológicos convencionales.

Montañas aún existentes: A pesar de las tasas de erosión y la acción de los elementos a lo largo del tiempo, aún existen montañas altas y paisajes elevados, lo cual es inconsistente con un proceso de erosión que debería haberlas desgastado por completo si la Tierra tuviera miles de millones de años.

Aunque los procesos tectónicos elevan las montañas, el equilibrio entre la erosión y la elevación no es suficiente para mantener las montañas durante periodos tan largos de tiempo.

Implicaciones para la edad de la Tierra:

Si la erosión hubiera estado ocurriendo durante miles de millones de años, deberíamos observar un desgaste completo de los continentes y una gran acumulación de sedimentos en el fondo de los océanos.

El hecho de que esto no sea lo que observamos sugiere que la Tierra no ha existido en su estado actual durante miles de millones de años. Más bien, el balance entre la erosión y la sedimentación indica que los continentes son mucho más jóvenes de lo que comúnmente se asume.

Contraargumentos comunes:

Algunos geólogos proponen que los procesos tectónicos que elevan montañas contrarrestan la erosión, pero esta explicación tiene sus limitaciones.

Aunque las fuerzas tectónicas elevan montañas, estas mismas montañas deberían haber sido erosionadas varias veces si la Tierra realmente tuviera miles de millones de años.

Además, la capa relativamente delgada de sedimentos en el fondo de los océanos es difícil de explicar si la Tierra ha estado acumulando sedimentos durante tanto tiempo.

Las tasas actuales de erosión de los continentes y la escasez de sedimentos en el fondo de los océanos no concuerdan con una Tierra de miles de millones de años. En cambio, sugieren un mundo mucho más joven, en el cual la erosión no ha tenido el tiempo suficiente para desgastar completamente los continentes ni para acumular los niveles de sedimentos que esperaríamos encontrar si la Tierra tuviera la antigüedad que postula la teoría evolucionista.

Fuentes sugeridas que respaldan el argumento:

Milliman, J. D., & Syvitski, J. P. M. (1992). Geomorphic/tectonic control of sediment discharge to the ocean: the importance of small mountainous rivers. Journal of Geology, 100(5), 525-544.

Summerfield, M. A., & Hulton, N. J. (1994). Natural controls of fluvial denudation rates in major world drainage basins. Journal of Geophysical Research, 99(B7), 13871-13883.

Hay, W. W. (1998). Detrital sediment fluxes from continents to oceans. Chemical Geology, 145(3-4), 287-323.

14) Corrosión en Cataratas del Niágara:

Las Cataratas del Niágara son un fenómeno natural de erosión constante. La cascada, que se encuentra entre Canadá y los Estados Unidos, se está erosionando y retrocediendo hacia el Lago Erie a una tasa promedio de aproximadamente un metro por año.

Al calcular la distancia total que las cataratas han retrocedido, y teniendo en cuenta su tasa actual de erosión, se estima que las cataratas tienen menos de 10,000 años de antigüedad.

Esta estimación es significativamente menor que los millones de años que sugiere la cronología evolutiva, pero está más en línea con una cronología bíblica.

Evidencia observada:

Tasa de erosión: La erosión de las Cataratas del Niágara ha sido observada y medida durante años, y se estima que el retroceso promedio es de aproximadamente un metro por año. Esta erosión se debe principalmente a la fuerza del agua, que golpea el lecho rocoso y gradualmente lo desgasta, haciendo que las cataratas retrocedan hacia el Lago Erie.

Distancia recorrida: Desde su origen, las cataratas han retrocedido aproximadamente 11 kilómetros desde el lugar donde originalmente comenzaron a erosionarse.

Si usamos la tasa de erosión actual de un metro por año, podemos calcular que las cataratas han estado erosionando durante aproximadamente 9,000 años.

Cambios en la tasa de erosión: Aunque algunos estudios sugieren que la tasa de erosión ha variado a lo largo del tiempo, incluso si tomamos en cuenta estas fluctuaciones, el tiempo máximo estimado para la formación y el retroceso de las cataratas sigue siendo muy inferior a los millones de años propuestos por los modelos evolutivos geológicos.

Implicaciones para la edad de la Tierra:

Si las Cataratas del Niágara realmente tuvieran una antigüedad de solo 9,000 años, esto sería un fuerte indicio de que algunos de los procesos geológicos que afectan a la Tierra no han estado ocurriendo durante millones de años como sugiere el modelo evolutivo.

Este cálculo se alinea con una cronología bíblica, que sugiere un mundo más joven.

Además, la corta edad de las Cataratas del Niágara implica que las condiciones geológicas que han permitido su formación son relativamente recientes en la historia de la Tierra. Esto podría estar relacionado con cambios climáticos o tectónicos recientes, en lugar de procesos antiguos que han estado ocurriendo durante millones de años.

Contraargumentos comunes:

Algunos geólogos sugieren que las tasas de erosión pueden haber sido más lentas en el pasado o que diferentes factores, como la formación de glaciares y el derretimiento posterior, han afectado la velocidad de retroceso de las cataratas.

Sin embargo, incluso considerando estos factores, el tiempo estimado para el retroceso de las cataratas sigue siendo mucho menor que los millones de años que se proponen en los modelos evolutivos.

Fuentes sugeridas para investigar:

Gilbert, G. K. (1906). Niagara Falls and Their History. Bulletin of the Geological Society of America, 16(1), 157-186.

Tinkler, K. J., & Parish, C. P. (1998). The Great Cataract at Niagara: A Geological Perspective on Niagara Falls. Geography Review, 12(3), 25-34.

Greenberg, B. (2006). Erosion and Evolution of the Niagara Escarpment. Geological Journal, 41(5), 543-558.

15) El delta del río Mississippi:

Los deltas de los ríos, como el delta del Mississippi, se forman por la acumulación de sedimentos transportados por los ríos y depositados en su desembocadura. Este proceso ocurre de manera constante a lo largo del tiempo.

Si los deltas hubieran estado formándose durante millones de años, como sugiere la teoría evolutiva, su tamaño y cantidad de sedimentos serían mucho mayores de lo que actualmente se observa.

Sin embargo, las medidas actuales del crecimiento del delta del Mississippi y de otros sistemas fluviales sugieren una edad mucho más joven para estos sistemas geológicos.

Evidencia observada en el delta del Mississippi:

Tasa de acumulación de sedimentos: Se estima que el delta del río Mississippi acumula sedimentos a un ritmo de aproximadamente 300 millones de toneladas al año. A lo largo del tiempo, esta acumulación forma las grandes extensiones de tierra en la desembocadura del río, conocidas como delta.

Dado el volumen actual de sedimentos en el delta del Mississippi, los cálculos sugieren que este delta tiene una edad de menos de 30,000 años.

Esto es inconsistente con la idea de que el delta ha estado formándose durante millones de años, ya que el volumen de sedimentos sería mucho mayor si ese fuera el caso.

Comparación con otros deltas:

Delta del Nilo: Aunque los estudios sobre el delta del Nilo no son tan detallados como los del Mississippi, las investigaciones indican que este delta ha estado creciendo durante aproximadamente 5,000 a 7,000 años, coincidiendo con el inicio del sedentarismo humano y el surgimiento de las primeras civilizaciones en Egipto. La tasa de acumulación de sedimentos en el Nilo también es incompatible con una formación de millones de años.

Río Éufrates: A diferencia del Mississippi o el Nilo, el Éufrates no tiene un delta de gran magnitud, ya que desemboca en el Golfo Pérsico junto al Tigris.

Sin embargo, los estudios de sedimentación en la región mesopotámica indican que los patrones de acumulación de sedimentos no son consistentes con una antigüedad de millones de años.

En cambio, estos estudios apuntan a una formación más reciente, probablemente en los últimos 10,000 años, lo que coincide con el registro histórico de las primeras civilizaciones mesopotámicas.

Delta del Amazonas: Los datos sobre la acumulación de sedimentos en el Amazonas, el sistema fluvial más grande del mundo, también son inconsistentes con un periodo de formación de millones de años.

Los estudios sugieren que el volumen de sedimentos en su delta es mucho menor de lo que cabría esperar si hubiera estado formándose durante tanto tiempo, lo que refuerza la idea de que estos sistemas son más recientes de lo que los modelos evolutivos proponen.

Implicaciones para la edad de la Tierra:

Si los deltas de ríos como el Mississippi, el Nilo y el Amazonas tuvieran realmente millones de años de antigüedad, deberíamos observar una acumulación mucho mayor de sedimentos y deltas de tamaño desproporcionadamente grande. Sin embargo, la cantidad actual de sedimentos en estos deltas sugiere que su formación ha ocurrido en un período mucho más corto, lo que apunta a una Tierra mucho más joven de lo que sugieren los modelos evolutivos convencionales.

Además, estos datos coinciden con la evidencia de que las primeras civilizaciones humanas comenzaron a asentarse cerca de estos ríos hace menos de 10,000 años, lo que refuerza la cronología de una Tierra más reciente.

Contraargumentos comunes:

Algunos geólogos argumentan que las tasas de sedimentación pueden haber fluctuado a lo largo del tiempo debido a eventos climáticos, cambios en el nivel del mar o variaciones en la cantidad de material erosionado. Sin embargo, incluso si se toman en cuenta estas fluctuaciones, las cantidades observadas de sedimentos en los deltas fluviales son inconsistentes con los millones de años propuestos por los modelos evolutivos.

Fuentes sugeridas para respaldar el argumento:

Roberts, H. H. (1997). *Dynamic changes of the Holocene Mississippi River delta plain: The delta cycle.* Journal of Coastal Research, 13(3), 605-627.

Frazier, D. E. (1967). *Recent deltaic deposits of the Mississippi River: their development and chronology.* Transactions of the Gulf Coast Association of Geological Societies, 17, 287-315.

Stanley, D. J., & Warne, A. G. (1993). *Nile delta: Recent geological evolution and human impact.* Science, 260(5108), 628-634.

16) Formación de estalactitas y estalagmitas:

Las estalactitas (que cuelgan del techo de las cuevas) y las estalagmitas (que se elevan desde el suelo) son formaciones minerales que se desarrollan a través de la deposición lenta de minerales disueltos en el agua que gotea.

Tradicionalmente, se ha enseñado que estas estructuras requieren miles o millones de años para alcanzar su tamaño actual. Sin embargo, observaciones recientes han demostrado que estas formaciones pueden crecer a un ritmo mucho más rápido bajo ciertas condiciones, lo que pone en duda la necesidad de tiempos geológicos extensos para su formación.

Evidencia observada:

Crecimiento en estructuras modernas: Se ha observado la formación de estalactitas y otras formaciones minerales en estructuras artificiales, como puentes, túneles y edificios, en un lapso de décadas. Estas estructuras, que fueron construidas en el último siglo, muestran cómo las condiciones adecuadas de goteo y deposición de minerales pueden llevar a la formación de estalactitas notables en tiempos relativamente cortos.

Por ejemplo, en túneles ferroviarios y debajo de puentes construidos a mediados del siglo XX, se han observado estalactitas de varios centímetros a varios metros de largo, lo que indica que el crecimiento mineral puede ser mucho más rápido de lo que tradicionalmente se pensaba.

Condiciones de crecimiento acelerado: En condiciones favorables, donde el flujo de agua y la concentración de minerales disueltos es alta, las estalactitas y estalagmitas pueden crecer más rápido de lo normal. Estas condiciones incluyen una tasa constante de agua que gotea y una atmósfera que favorece la deposición de minerales como la calcita ($CaCO_3$).

Algunos estudios han documentado tasas de crecimiento de estalactitas de entre 0.1 a 2.5 milímetros por año, lo que significa que formaciones grandes podrían haberse desarrollado en menos de 4,400 años, *un tiempo compatible con la cronología bíblica basada en el Diluvio.*

Observaciones en cuevas naturales: Aunque las formaciones de estalactitas y estalagmitas en cuevas naturales a menudo se consideran muy antiguas, las tasas de crecimiento observadas en estas cuevas pueden variar considerablemente dependiendo de las condiciones locales.

En algunas cuevas, el crecimiento observado en tiempos recientes indica que las formaciones actuales podrían haberse desarrollado en un período mucho más corto de lo que sugieren los modelos tradicionales de miles de años.

Impacto del Diluvio: Según la cronología creacionista, el Diluvio bíblico, que habría ocurrido hace aproximadamente 4,400 años, pudo haber creado condiciones que favorecieran la rápida deposición de minerales.

El aumento en la actividad geotérmica (sobre todo en tiempos de Peleg, el calentamiento y enfriamiento del agua subterránea y el cambio en los niveles de agua en las cuevas podrían haber acelerado la formación de estalactitas y estalagmitas.

La Biblia menciona a Peleg en el libro de Génesis 10:25, donde dice: "A Heber le nacieron dos hijos: el nombre del uno fue Peleg, porque en sus días fue repartida la tierra...". El nombre Peleg se asocia con la palabra hebrea que significa "dividir", lo que ha llevado a muchos a interpretar que en los días de Peleg ocurrió algún evento de división, como la división de las naciones en la torre de Babel o incluso una división geológica de la Tierra. El tiempo de **Peleg** sería aproximadamente **hace 4271 años** desde hoy.

La Biblia no está destinada a ser un tratado científico o geológico, sino que su propósito principal es revelar la naturaleza de Dios, su relación con la humanidad, y su plan de salvación a través de la historia redentora. Por lo tanto, cuando menciona eventos históricos o naturales, como la división de la Tierra en los días de Peleg (Génesis 10:25), lo hace de manera que se alinea con el propósito más amplio de transmitir el mensaje espiritual de Dios.

Es importante recordar que la Biblia no tiene como objetivo proporcionar una cronología detallada de eventos geológicos o científicos. Su enfoque está en revelar cómo Dios interactúa con su creación y cómo lleva a cabo su plan redentor. Los detalles sobre eventos naturales o catastróficos, como la posible división de los continentes, no son el enfoque principal de las Escrituras. En cambio, la Biblia se centra en la revelación del carácter de Dios y su obra en la salvación de la humanidad a través de su pueblo y sus redimidos.

De modo que, si bien puede haber indicios de eventos catastróficos como la separación de las tierras en la era de Peleg, la Biblia no abunda en detalles sobre estos temas porque su propósito es mucho más profundo: es un tratado de salvación y una manifestación de cómo Dios actúa en la historia humana para redimir a la humanidad y llevar a cabo su plan soberano.

Pero el diluvio o la posible división de la tierra en continentes pues parece que inicialmente existió una Pangea son evento catastrófico habría generado grandes cambios en los sistemas hídricos, permitiendo que el flujo de agua rico en minerales acelerara significativamente la deposición en las cuevas, llevando a la formación rápida de las grandes estructuras que vemos hoy.

Implicaciones para la edad de la Tierra:

Las tasas de crecimiento observadas de estalactitas y estalagmitas modernas cuestionan la necesidad de miles o millones de años para que se formen estructuras grandes. En cambio, la evidencia sugiere que, bajo condiciones adecuadas, estas formaciones pueden desarrollarse en un período de tiempo relativamente corto, en consonancia con una Tierra mucho más joven de lo que proponen los modelos evolutivos convencionales.

Contraargumentos comunes:

Algunos geólogos sostienen que las estalactitas en cuevas naturales crecen más lentamente que en estructuras modernas debido a diferencias en la composición de los minerales y en las condiciones climáticas.

Sin embargo, incluso con estas variaciones, las tasas de crecimiento observadas en la actualidad son mucho más rápidas de lo que se creía originalmente, lo que sugiere que no es necesario postular tiempos geológicos extensos para explicar estas formaciones.

Las estalactitas y estalagmitas pueden formarse mucho más rápido de lo que se ha enseñado tradicionalmente. Los estudios recientes de formaciones minerales en estructuras modernas y en cuevas naturales sugieren que estas formaciones pueden haber crecido en menos de 4,400 años, lo que apoya una cronología de la Tierra más reciente, en línea con la interpretación bíblica de la historia geológica. Esto desafía la noción de que estas estructuras requieren millones de años para desarrollarse y, en cambio, refuerza la posibilidad de una Tierra más joven.

Hill, C. A., & Forti, P. (1997). Cave Minerals of the World. National Speleological Society.

Shopov, Y., et al. (1994). Luminescence of cave minerals. Cave Minerals of the World, 2nd edition.

Curl, R. L. (1966). Cave morphology and the rate of cave forming processes. National Speleological Society Bulletin, 28, 1-14.

17) El arrecife de coral más antiguo:

El crecimiento de los arrecifes de coral, como la Gran Barrera de Coral en Australia, que es el arrecife más grande del mundo, proporciona información importante sobre la edad de estos ecosistemas y, potencialmente, sobre la edad de la Tierra misma.

Los arrecifes de coral crecen a una tasa medible que varía según las condiciones del agua, la temperatura, la luz solar y otros factores.

Basándonos en la tasa de crecimiento observada, se estima que los arrecifes de coral más grandes del mundo podrían haberse formado en un período de aproximadamente 4,200 años.

Evidencia observada:

Tasa de crecimiento del coral: Los arrecifes de coral, como la Gran Barrera de Coral, crecen a un ritmo de entre 1 a 3 cm por año en promedio, dependiendo de las condiciones del entorno, como la temperatura del agua y la disponibilidad de luz solar.

A esta tasa de crecimiento, los estudios estiman que incluso los arrecifes más grandes del mundo habrían tardado menos de 4,200 años en alcanzar su tamaño actual.

Arrecifes de coral más antiguos: Actualmente, no se ha encontrado evidencia de arrecifes de coral que tengan más de 4,200 años de antigüedad, lo que plantea preguntas sobre la edad de la Tierra desde una perspectiva creacionista.

Si la Tierra tuviera millones de años, como sugiere la teoría evolutiva, deberíamos observar arrecifes más antiguos o evidencias de múltiples ciclos de crecimiento, destrucción y regeneración de arrecifes a lo largo de esos millones de años.

Sin embargo, no existen arrecifes vivos que prueben directamente haber existido durante millones de años. Los arrecifes más grandes y complejos que se observan hoy se formaron en un período de tiempo mucho más corto, lo que parece ser inconsistente con los largos tiempos geológicos propuestos por la teoría de la evolución.

Condiciones de crecimiento: Los arrecifes de coral son muy sensibles a las condiciones ambientales, y su crecimiento puede ser afectado por eventos como cambios en el nivel del mar, contaminación y fluctuaciones de temperatura. A pesar de estas variaciones, el hecho de que los arrecifes más grandes del mundo puedan formarse en menos de 4,200 años sugiere que no es necesario postular millones de años para explicar su existencia.

Además, la falta de evidencias de ciclos previos de arrecifes de coral que daten de millones de años es un indicio de que estos ecosistemas pueden haber comenzado a formarse después de un evento catastrófico, como el Diluvio bíblico, que, según la cronología bíblica, ocurrió hace aproximadamente 4,400 años.

Implicaciones para la edad de la Tierra:

La estimación de que los arrecifes de coral más antiguos del mundo se formaron en un período de 4,000 a 4,200 años es significativa desde una perspectiva creacionista. Si la Tierra tuviera millones de años, esperaríamos encontrar arrecifes mucho más grandes o evidencia de arrecifes más antiguos que hayan pasado por múltiples ciclos de crecimiento y destrucción.

La falta de tales evidencias y la relativamente corta edad de los arrecifes actuales coincide más con la cronología bíblica, que sugiere una Tierra mucho más joven.

Además, el crecimiento rápido de las estalactitas, estalagmitas y otros procesos geológicos naturales también concuerda con esta idea, desafiando los largos períodos de tiempo postulados por la teoría evolutiva.

Contraargumentos comunes:

Algunos científicos argumentan que los arrecifes de coral han sido destruidos y reconstruidos varias veces debido a eventos climáticos o cambios en el nivel del mar, lo que podría explicar la falta de arrecifes más antiguos.

Sin embargo, no hay evidencia concluyente de múltiples ciclos previos de arrecifes de coral que puedan respaldar un modelo de millones de años.

Los arrecifes actuales muestran un crecimiento constante en los últimos miles de años, lo que plantea dudas sobre el escenario geológico a largo plazo.

Hopley, D. (1982). The geomorphology of the Great Barrier Reef: Quaternary development of coral reefs. John Wiley & Sons.

Adey, W. H., & Macintyre, I. G. (1973). Crustose coralline algae: A re-evaluation in the geological sciences. Geological Society of America Bulletin, 84(3), 883-904.

Veron, J. E. N. (2008). A Reef in Time: The Great Barrier Reef from Beginning to End. Harvard University Press.

18) Sedimentos marinos:

Argumento: Si la Tierra tuviera miles de millones de años, deberíamos encontrar capas de sedimento en el fondo de los océanos que alcanzaran varios kilómetros de profundidad.

Sin embargo, lo que observamos hoy son capas de sedimento que solo alcanzan unos pocos centenares de metros.

Según estudios geológicos, los sedimentos oceánicos se acumulan a una tasa promedio de **20 milímetros por cada mil años**, aunque esta tasa puede variar dependiendo de la ubicación y las condiciones del entorno. Sin embargo, incluso a una tasa conservadora, millones de años de acumulación deberían haber resultado en **depósitos mucho más gruesos** de lo que se observa hoy.

- Para **1 millón de años**:

    o A una tasa de 20 mm por cada 1,000 años, se acumularían aproximadamente **20 metros** de sedimentos.

- Para **4.6 mil millones de años** (que es la edad propuesta para la Tierra):

    o A la misma tasa, se habrían acumulado aproximadamente **92,000 metros**, es decir, **92 kilómetros** de sedimentos.

Este cálculo muestra que, si la Tierra tuviera miles de millones de años, deberíamos encontrar capas de sedimentos oceánicos extremadamente gruesas, lo que no se observa en la realidad, donde solo encontramos sedimentos de unos pocos centenares de metros.

El promedio actual de sedimentos en el fondo de los océanos es generalmente de unos pocos centenares de metros (por ejemplo, entre 300 y 400 metros de sedimento en muchas áreas), aunque esta cantidad puede variar dependiendo de la ubicación específica en los océanos y las condiciones geológicas locales.

Si consideramos esta tasa de acumulación y el espesor promedio de sedimentos de **300 a 400 metros**, podemos estimar el tiempo que habría tardado en acumularse dicha cantidad de sedimento:

1. **Cálculo de tiempo necesario**:

- 300 metros de sedimento a una tasa de 20 mm cada 1,000 años implica:

  - 300,000 mm de sedimento / 20 mm por cada 1,000 años = 15 millones de años.

- 400 metros de sedimento a la misma tasa implicaría:

  - 400,000 mm de sedimento / 20 mm por cada 1,000 años = 20 millones de años.

Implicaciones del Diluvio bíblico:

Desde una perspectiva creacionista, se postula que el **Diluvio bíblico** pudo haber sido un evento catastrófico que causó una acumulación masiva y rápida de sedimentos en todo el mundo. Durante ese evento, las tasas de acumulación habrían sido mucho mayores que las observadas en tiempos normales, lo que explicaría la gran cantidad de sedimentos acumulados en un período corto de tiempo.

Este modelo sugiere que, en lugar de millones de años de acumulación lenta, la mayoría de los sedimentos oceánicos actuales podrían haberse depositado durante y poco después del Diluvio, lo que aceleraría drásticamente la acumulación en las profundidades del océano.

A la tasa de acumulación actual de 20 mm por cada mil años, el sedimento observado de 300 a 400 metros habría tardado entre 15 y 20 millones de años en formarse.

Sin embargo, si consideramos un evento catastrófico como el Diluvio, la mayor parte del sedimento podría haberse acumulado rápidamente, en un período mucho más corto, lo que apoyaría una cronología más reciente de la Tierra, acorde con una interpretación bíblica del Diluvio como el principal responsable de esta acumulación de sedimentos.

Este modelo desafía la idea de una acumulación lenta y progresiva de sedimentos durante miles de millones de años y plantea la posibilidad de que eventos catastróficos hayan jugado un papel clave en la formación de las capas de sedimento que vemos hoy en los océanos.

Esta discrepancia sugiere que el tiempo de acumulación de sedimentos podría ser **mucho más corto** de lo que indican los modelos geológicos convencionales.

Esto es inconsistente con la idea de una Tierra que ha existido durante miles de millones de años, ya que habría acumulado mucho más sedimento durante ese tiempo.

Contraargumentos comunes:

Algunos geólogos sugieren que los procesos geológicos, como la subducción de placas tectónicas, podrían estar reciclando el sedimento acumulado en el fondo oceánico, lo que explicaría la falta de capas profundas.

Sin embargo, incluso con este reciclaje, la cantidad observada de sedimentos sigue siendo mucho menor de lo esperado si la Tierra tuviera miles de millones de años.

Milliman, J. D., & Meade, R. H. (1983). World-wide delivery of river sediment to the oceans. The Journal of Geology, 91(1), 1-21.

Hay, W. W. (1994). Pleistocene-Holocene fluxes are not the Earth's norm. Geological Society, London, Special Publications, 95(1), 261-283.

Emery, K. O., & Uchupi, E. (1972). Western North Atlantic Ocean: sedimentary evolution and Cenozoic history. Geological Society of America Bulletin, 83(1), 71-88.

19) Presión en depósitos de petróleo:

Uno de los fenómenos observados en muchos pozos de petróleo es la presión extremadamente alta dentro de los depósitos subterráneos.

Según las teorías convencionales, estos depósitos se formaron hace millones de años. Sin embargo, la presión que se encuentra en muchos de estos depósitos no es compatible con ese tiempo prolongado, debido a la permeabilidad de las rocas circundantes.

Evidencia observada:

Alta presión en los depósitos: Muchos pozos de petróleo muestran niveles muy altos de presión interna cuando se perforan, lo que sugiere que los fluidos y gases dentro del depósito han estado bajo confinamiento durante un período relativamente corto.

Si los depósitos de petróleo realmente tuvieran millones de años, como se propone en las teorías evolucionistas, la presión interna debería haber disminuido considerablemente debido a la permeabilidad natural de las rocas que rodean los depósitos.

Esto se debe a que, con el tiempo, los fluidos y gases tienden a escapar lentamente a través de las rocas.

Permeabilidad de las rocas: Las rocas que rodean los depósitos de petróleo tienen una permeabilidad limitada, lo que significa que permiten el flujo de fluidos, aunque de manera lenta.

A lo largo de millones de años, esta permeabilidad permitiría que el gas y el petróleo se filtraran y que la presión interna se disipara significativamente.

Sin embargo, en la realidad, se observa que los depósitos aún retienen una presión alta, lo que indica que estos fluidos han estado atrapados durante un período mucho más corto de tiempo, en lugar de millones de años.

Cálculos de disipación de presión: Los estudios sobre la permeabilidad de las rocas indican que la presión en un depósito cerrado debería disiparse en mucho menos tiempo del que sugieren las teorías convencionales.

Las propiedades de las rocas sugieren que no podrían haber retenido fluidos a alta presión durante millones de años sin que hubiera una fuga o reducción considerable de la presión.

Esto refuerza la idea de que el petróleo no ha estado atrapado en estos depósitos durante millones de años, sino que la formación y el confinamiento del petróleo ocurrieron en una escala de tiempo mucho más corta.

Implicaciones para la edad de la Tierra:

La presencia de alta presión en muchos depósitos de petróleo sugiere que estos recursos naturales se formaron y quedaron atrapados recientemente, en lugar de hace millones de años.

Si la Tierra tuviera la antigüedad que postulan los modelos evolucionistas (miles de millones de años), los depósitos de petróleo habrían perdido su presión hace mucho tiempo debido a la permeabilidad de las rocas.

Este fenómeno es más consistente con una Tierra joven, en la que el petróleo y el gas fueron formados y atrapados en un período de tiempo relativamente corto, posiblemente como resultado de un evento catastrófico, como el Diluvio bíblico.

En este modelo, los sedimentos y las condiciones geológicas habrían confinado el petróleo en las formaciones rocosas recientes, manteniendo la presión hasta hoy.

Contraargumentos comunes:

Algunos geólogos sugieren que la alta presión en los depósitos de petróleo puede explicarse por la presencia de capas impermeables que impiden el escape de los fluidos.

Sin embargo, incluso con estas capas impermeables, la presión interna debería haberse disipado considerablemente en millones de años.

Las rocas que rodean los depósitos no son completamente impermeables, lo que significa que la presión eventualmente debería haberse reducido, lo que no es lo que se observa.

Bradley, W. H. (1973). Pressure in petroleum reservoirs and its dissipation. Journal of Petroleum Technology, 25(01), 23-27.

Magara, K. (1978). Compaction and Fluid Migration: Practical Petroleum Geology. Elsevier.

Nelson, P. H. (1994). Permeability-porosity relationships in sedimentary rocks. Log Analyst, 35(03), 38-62.

20) Evidencia en las Placas Tectónicas:

El movimiento de las placas tectónicas es generalmente interpretado como un proceso muy lento que ha ocurrido durante millones de años, pero algunos geólogos creacionistas proponen un modelo alternativo que sugiere que estos movimientos podrían haber sido mucho más rápidos y catastróficos, especialmente en el contexto de eventos como el Diluvio de Noé.

Este modelo sostiene que los procesos geológicos, como la formación de montañas, cordilleras y fallas geológicas, podrían haber ocurrido en un período de tiempo mucho más corto de lo que sugieren los modelos convencionales.

Evidencia observada:

Fósiles marinos en las cimas de montañas:

Se han encontrado fósiles marinos en las cimas de muchas montañas, como el Himalaya. Estos hallazgos indican que estas formaciones montañosas estuvieron una vez sumergidas bajo el agua. La pregunta que surge es cómo estas enormes cordilleras pudieron haberse levantado desde el fondo del océano a las alturas actuales en tan poco tiempo.

Los modelos creacionistas sugieren que el Diluvio bíblico y los eventos catastróficos asociados podrían haber provocado un rápido levantamiento de las montañas y cordilleras, empujando los sedimentos marinos a grandes alturas en un corto período.

Fallas geológicas y cordilleras: Las enormes fallas geológicas, como la Falla de San Andrés en California, son interpretadas en los modelos convencionales como el resultado de millones de años de movimiento lento de las placas tectónicas.

Sin embargo, los creacionistas proponen que estas fallas pudieran haberse formado rápidamente durante un evento catastrófico global.

El rápido desplazamiento de las placas tectónicas en un modelo de Tierra joven podría explicar la formación de vastas cordilleras, como los Andes y el Himalaya, en un corto período de tiempo en lugar de los millones de años que se proponen en los modelos evolucionistas.

Tasas de movimiento tectónico: Las tasas de movimiento de las placas tectónicas se miden actualmente en centímetros por año, lo que se interpreta como un proceso extremadamente lento.

Sin embargo, algunos geólogos creacionistas sugieren que, durante un evento catastrófico como el Diluvio o la división de la Pangea en tiempos de Peleg, estas tasas podrían haber sido mucho más rápidas, provocando la rápida formación de las características geológicas actuales.

Las enormes fallas y la compresión de las placas tectónicas podrían haber ocurrido a una velocidad mucho mayor en el pasado debido a las fuerzas catastróficas, acelerando los procesos que hoy observamos como lentos.

Modelos de Tectónica por Catastrofismo: Los creacionistas proponen un modelo de Tectónica de Placas Catastrófica, en el cual el movimiento rápido de las placas durante el Diluvio explica muchos fenómenos geológicos que se observan hoy en día, como la rápida elevación de montañas y la formación de grandes cordilleras.

Este modelo es consistente con la visión de una Tierra joven, ya que sugiere que estos eventos ocurrieron en un período mucho más corto, en lugar de los lentos cambios graduales asumidos por la visión evolucionista.

Implicaciones para la edad de la Tierra:

La evidencia de fósiles marinos en las cimas de montañas, junto con las enormes fallas geológicas y cordilleras, puede interpretarse como el resultado de un evento catastrófico masivo, como el Diluvio bíblico. Por cierto, demostrar El Diluvio, o las evidencias a su favor es harina de otro costal. Eso sería otro libro. Pero este roza con las evidencias a favor del Diluvio.

Si bien la Tectónica de Placas es generalmente vista como un proceso lento que ocurre durante millones de años, este modelo sugiere que estos movimientos pueden haber sido rápidos y cataclismos en un pasado reciente.

Este modelo es consistente con una Tierra joven, ya que propone que muchos de los procesos geológicos que hoy observamos ocurrieron rápidamente en el contexto de un evento catastrófico global. Esto desafía la visión convencional de los largos períodos de tiempo y sugiere que la Tierra no tiene millones de años.

Contraargumentos comunes:

Los geólogos evolucionistas sostienen que las fuerzas tectónicas han actuado de manera constante durante millones de años, y que los fósiles marinos en las montañas son simplemente el resultado del lento ascenso de las formaciones geológicas debido al movimiento gradual de las placas tectónicas.

Sin embargo, el modelo de Tectónica de Placas Catastrófica sugiere que estos procesos pudieron haber ocurrido mucho más rápidamente en el pasado, en un escenario de cambio geológico acelerado.

Baumgardner, J. R. (1994). Runaway subduction as the driving mechanism for the Genesis Flood. Proceedings of the Third International Conference on Creationism.

Snelling, A. A. (2009). Earth's Catastrophic Past: Geology, Creation, and the Flood. Institute for Creation Research.

Austin, S. A., & Wise, K. P. (1994). The pre-Flood/Flood boundary: As defined in Grand Canyon, Arizona and eastern Mojave Desert, California. Proceedings of the Third International Conference on Creationism.

21) Desgaste de los volcanes:

La actividad volcánica observada hoy sugiere que la Tierra podría ser mucho más joven de lo que se postula en los modelos geológicos convencionales, que proponen que la Tierra tiene aproximadamente 4.6 mil millones de años.

Si la Tierra fuera tan antigua como se afirma, el desgaste de los volcanes y la disipación del calor interno ya deberían haber causado una disminución significativa o la desaparición total de la actividad volcánica.

Evidencia observada:

Actividad volcánica continua: A lo largo del mundo, se observan volcanes activos que siguen liberando grandes cantidades de magma, gases y calor desde el interior de la Tierra.

Esta actividad ha sido constante durante la historia registrada, y todavía se pueden observar erupciones volcánicas significativas en la actualidad.

Los modelos convencionales sostienen que esta actividad es un remanente de la formación temprana de la Tierra.

Sin embargo, después de 4.6 mil millones de años, esperaríamos que el calor interno de la Tierra se hubiera disipado lo suficiente como para que la actividad volcánica hubiera disminuido considerablemente o incluso desaparecido.

Desgaste de volcanes: Los volcanes son susceptibles a la erosión y al desgaste por factores ambientales como el viento, el agua y la actividad tectónica.

Si la Tierra fuera tan antigua como se propone, muchos de los volcanes que hoy son activos deberían haber sido erosionados por completo.

Por ejemplo, algunos de los volcanes más icónicos del mundo, como el Monte Santa Helena o el Monte Fuji, aún muestran gran actividad y una forma bastante definida.

Si estos volcanes tuvieran millones de años, deberían haber sido erosionados hasta convertirse en simples montículos o restos rocosos, en lugar de estructuras activas y bien formadas.

Calor interno de la Tierra: La calor interno que alimenta la actividad volcánica proviene en parte del decaimiento radiactivo de elementos en el núcleo y manto terrestre.

Aunque estos procesos pueden liberar calor durante largos períodos, la Tierra ha estado irradiando calor al espacio durante miles de millones de años. Si la Tierra tuviera esa edad, gran parte de este calor ya se habría disipado, reduciendo significativamente la actividad volcánica.

La presencia de volcanes activos en la actualidad sugiere que el interior de la Tierra aún conserva grandes cantidades de energía térmica, lo cual es más consistente con una Tierra más joven que con una de miles de millones de años.

Tasas de erupción: Se ha observado que algunos volcanes, como el Monte Kilauea en Hawái, han estado en erupción continua durante décadas, liberando cantidades masivas de material volcánico.

A lo largo de millones de años, esta cantidad de erupciones debería haber reducido significativamente la actividad volcánica, lo que no es lo que se observa hoy.

Implicaciones para la edad de la Tierra:

Si la Tierra tuviera realmente 4.6 mil millones de años, esperaríamos observar una disminución significativa en la actividad volcánica debido a la disipación del calor interno y al desgaste de los volcanes por erosión.

Sin embargo, el hecho de que muchos volcanes aún estén activos y mantengan su forma estructural, a pesar de los millones de años de erosión esperados, sugiere que la Tierra podría ser mucho más joven.

Este fenómeno es consistente con una Tierra joven, donde los procesos geológicos que generan calor y actividad volcánica han ocurrido en una escala de tiempo mucho más corta. En lugar de una disipación de calor que ha durado miles de millones de años, la Tierra aún mantiene suficiente energía térmica interna para alimentar volcanes activos en la actualidad.

Contraargumentos comunes:

Algunos geólogos argumentan que la actividad volcánica es sostenida por el continuo reciclaje de material en el manto terrestre, lo que permite que la Tierra mantenga su calor interno por más tiempo de lo que se esperaría.

Sin embargo, incluso con este reciclaje, la cantidad de calor que se habría disipado durante miles de millones de años debería haber reducido la actividad volcánica en una escala significativa.

Los procesos actuales de erosión también deberían haber desgastado muchos de los volcanes que hoy siguen activos.

Fisher, R. V., & Schmincke, H.-U. (1984). Pyroclastic Rocks. Springer-Verlag.

Wood, C. A., & Kienle, J. (1990). Volcanoes of North America: United States and Canada. Cambridge University Press.

Hamblin, W. K., & Christiansen, E. H. (1995). Exploring the Planets. Prentice Hall.

22) Salinidad de los océanos:

La concentración de sal (sodio) en los océanos proporciona un fuerte argumento en contra de la idea de una Tierra de miles de millones de años. Si los océanos hubieran existido durante ese tiempo, deberían ser mucho más salados de lo que son actualmente, lo que habría imposibilitado la vida en ellos.

Según estudios científicos realizados por Steve Austin y Russell Humphreys en 1991, la cantidad de sodio en los océanos sugiere una edad máxima de 62 millones de años en las condiciones más favorables para la acumulación lenta, aunque muchos estudios sugieren una edad aún menor para los océanos.

Evidencia observada:

Ingreso de sodio en los océanos: El sodio (sal) entra en los océanos a través de procesos como la erosión de las rocas, los ríos que transportan minerales disueltos, y otras fuentes naturales.

Este ingreso es continuo y se ha estado produciendo durante todo el tiempo que los océanos han existido.

Si los océanos han existido durante miles de millones de años, la concentración de sal debería haber alcanzado niveles mucho más altos de los que se observan hoy, lo que haría que la vida en los océanos actuales fuera extremadamente difícil, o incluso imposible.

Salida limitada de sodio: Aunque parte del sodio sale del océano a través de procesos como la formación de depósitos minerales y la evaporación, la tasa de salida es mucho más lenta que la de entrada.

Esto significa que la concentración de sal en los océanos debería estar aumentando de forma constante a lo largo del tiempo.

Austin y Humphreys calcularon la tasa de entrada y salida de sodio, y aun tomando en cuenta las condiciones más conservadoras (mínima entrada y máxima salida de sodio), determinaron que los océanos no pueden tener más de 62 millones de años.

Esta cifra es muy inferior a los miles de millones de años propuestos por los modelos evolucionistas.

Concentración actual de sal: La salinidad actual de los océanos es de aproximadamente 3.5% en promedio.

Si los océanos hubieran existido durante miles de millones de años, esta concentración debería ser significativamente mayor, probablemente lo suficientemente alta como para que la vida tal como la conocemos no pudiera haber sobrevivido.

El hecho de que los niveles de salinidad en los océanos aún permitan la existencia de vida marina es un indicador de que los océanos no tienen miles de millones de años de antigüedad.

Si bien los evolucionistas sostienen que la vida comenzó en océanos salados, la cantidad exacta de salinidad en ese momento sigue siendo objeto de debate, lo que añade más incertidumbre a sus teorías.

Estudios de Austin y Humphreys: En su estudio titulado *"The Sea's Missing Salt", Austin y Humphreys* evaluaron tanto el ingreso de sodio como la salida del mismo en los océanos. Consideraron la posibilidad de que los océanos hubieran comenzado sin nada de sal y calcularon cuánto tiempo habría tomado alcanzar la salinidad actual.

Incluso en las condiciones más favorables para los modelos evolucionistas, la salinidad de los océanos indica que la Tierra no puede tener más de 62 millones de años.

La investigación también mostró que la concentración de sodio acumulada en los océanos no coincide con la cronología de los fósiles que los evolucionistas utilizan para datar la Tierra y los océanos. Esto plantea preguntas importantes sobre la validez de los métodos de datación convencionales.

Implicaciones para la edad de la Tierra:

Si los océanos tuvieran miles de millones de años de antigüedad, su concentración de sal sería mucho mayor de lo que es actualmente. Los niveles de sal observados hoy en día sugieren que los océanos son mucho más jóvenes, y que no han existido durante todo el tiempo que proponen los modelos evolucionistas.

La investigación de Austin y Humphreys indica que, en las condiciones más favorables para los modelos evolucionistas, los océanos no pueden tener más de 62 millones de años.

Además, la vida tal como la conocemos no podría haber sobrevivido en océanos con niveles de salinidad más altos durante períodos prolongados de tiempo.

Contraargumentos comunes:

Algunos científicos sugieren que la tasa de salida de sodio podría haber sido más alta en el pasado, lo que explicaría la concentración actual de sal en los océanos.

Sin embargo, las evidencias observadas indican que la salida de sodio es significativamente más lenta que su ingreso, lo que sugiere que la salinidad debería haber aumentado mucho más si los océanos realmente tuvieran miles de millones de años.

Además, los evolucionistas no se ponen de acuerdo sobre las condiciones en las que la vida pudo haber surgido en los océanos, lo que introduce más incertidumbre en sus teorías.

Austin, S. A., & Humphreys, D. R. (1991). The Sea's Missing Salt: A Dilemma for Evolutionists. Creation Research Society Quarterly, 17-33.

Hay, W. W., et al. (2006). The Mass of Salt in the Oceans: A Challenge for Evolutionary Models. Geological Society of America Bulletin.

Milliman, J. D., & Meade, R. H. (1983). World-wide delivery of river sediment to the oceans. The Journal of Geology, 91(1), 1-21.

23) Las Montañas Rocosas:

Las Montañas Rocosas son una de las cordilleras más icónicas de América del Norte.

Los modelos geológicos evolucionistas sostienen que estas montañas tienen cientos de millones de años de antigüedad.

Sin embargo, el grado de erosión natural observado en las Rocosas es inconsistente con una edad tan avanzada. Si realmente tuvieran esa antigüedad, deberían haber sufrido un desgaste mucho mayor debido a los procesos de erosión, lo que plantea dudas sobre su verdadero origen y antigüedad.

Evidencia observada:

Erosión continua en las montañas: La erosión es un fenómeno constante causado por el viento, la lluvia, el hielo, y otros factores climáticos que desgastan las superficies terrestres a lo largo del tiempo. Este proceso debería haber afectado significativamente a las Montañas Rocosas si realmente tuvieran cientos de millones de años.

Se estima que la erosión de las montañas reduce su altura de manera constante, en función de las condiciones climáticas, los patrones de viento y las precipitaciones. A lo largo de millones de años, la erosión debería haber reducido considerablemente la altura y la prominencia de las Rocosas.

Conservación de las características geológicas: Lo que observamos actualmente es que las Montañas Rocosas aún conservan características prominentes y relativamente bien definidas, lo que no concuerda con el nivel de erosión que cabría esperar después de millones de años de desgaste natural.

A pesar de las fuerzas de erosión que han actuado durante largos períodos de tiempo, las Rocosas y otras cordilleras montañosas muestran un nivel de conservación que es inconsistente con una cronología de cientos de millones de años.

Si las montañas tuvieran esa edad, deberían haber sido desgastadas significativamente más, dejando únicamente formaciones erosionadas y bajas.

Incompatibilidad con los modelos evolutivos: Los modelos geológicos convencionales sugieren que las Montañas Rocosas tienen alrededor de 55 a 80 millones de años, basándose en la teoría de la tectónica de placas y la formación de montañas.

Sin embargo, la cantidad de erosión observada no respalda una escala de tiempo tan prolongada.

Podemos basarnos en estudios sobre la tasa promedio de erosión de montañas, aunque esta tasa varía según el clima, la geología y otros factores. Sin embargo, en general, las tasas de erosión de montañas en la actualidad se han estimado en un rango de 0.01 mm a 1 mm por año, dependiendo de la región y las condiciones específicas.

Velocidad de erosión de las Montañas Rocosas:

Si consideramos una tasa de **erosión promedio** de **0.1 mm por año**, que es un valor intermedio dentro del rango mencionado, podemos calcular el **desgaste acumulado** en millones de años.

1. **Tasa de erosión:**

    o A **0.1 mm por año**, en **un millón de años**, una montaña perdería aproximadamente **100 metros** de altura debido a la erosión.

2. **Altura de las Montañas Rocosas:**

    o Si las Montañas Rocosas tienen entre **55 a 80 millones de años** (según los modelos geológicos convencionales), habrían perdido entre **5,500 y**

8,000 metros de altura debido a la erosión, de acuerdo con esta tasa.

3. **Altura actual de las Montañas Rocosas:**

   o La altura promedio de las **Montañas Rocosas** varía entre **2,000 y 4,400 metros**. Sin embargo, si las Rocosas hubieran perdido entre **5,500 y 8,000 metros** debido a la erosión en los últimos **55 a 80 millones de años**, esto indicaría que las montañas deberían haber sido significativamente más altas en su formación original, posiblemente alcanzando alturas de entre **7,500 y 12,000 metros**.

4. **Incompatibilidad con la erosión:**

   o Dado el nivel de erosión esperado en este tiempo, las **Montañas Rocosas** deberían haber sido **completamente erosionadas** o reducidas a pequeñas colinas. El hecho de que aún mantengan una altura significativa y una prominencia tan marcada sugiere que su **formación es mucho más reciente**.

   o Incluso si la tasa de erosión hubiera sido menor en el pasado, seguiríamos esperando un nivel de desgaste mucho mayor del que se observa hoy en día.

Implicaciones:

Si las Montañas Rocosas realmente tuvieran entre **55 y 80 millones de años**, como sugieren los modelos geológicos convencionales, el proceso de **erosión** debería haberlas reducido significativamente. Si las montañas hubieran tenido una altura inicial mucho mayor (alrededor de **10,000 a 12,000 metros**), habrían sido las montañas más altas del mundo en su momento. Sin embargo, la **cantidad de erosión observada** hoy no concuerda con esa cronología tan prolongada.

Esto refuerza la idea de que las Montañas Rocosas podrían haberse formado **mucho más recientemente**, y que las tasas de erosión observadas en la actualidad son **incompatibles** con una escala de tiempo de **decenas de millones de años**.

Basándonos en las **tasas de erosión actuales**, las **Montañas Rocosas** deberían haber sido **completamente erosionadas** si tuvieran la antigüedad que los modelos convencionales sugieren.

La **erosión observada** es más consistente con un proceso de formación más reciente, lo que apoya la idea de una **Tierra joven** y cuestiona la cronología de cientos de millones de años postulada por los modelos evolucionistas.

El hecho de que las Rocosas mantengan su prominencia es incompatible con la cantidad de tiempo propuesto por los modelos evolutivos. Si estas montañas hubieran existido durante decenas de millones de años, deberían haber sufrido una erosión mucho más extensa y no estarían tan bien conservadas.

Modelos geológicos catastróficos: Desde la perspectiva creacionista, los eventos catastróficos, como el Diluvio de Noé y la división en tiempos de Peleg, que generó muy posiblemente movimientos en la placa tectónica, podrían haber formado estas montañas y otras cordilleras en un período de tiempo relativamente corto.

Estos eventos geológicos podrían haber elevado rápidamente las montañas, y la erosión que ha ocurrido desde entonces sería el resultado de solo unos miles de años, en lugar de millones.

Este modelo es más coherente con la observación actual de las montañas, donde el grado de erosión es más consistente con una Tierra joven que con una cronología de millones de años.

Ritmo de erosión estimado: A las tasas de erosión observadas hoy, se calcula que las montañas pierden varios milímetros a centímetros por año, dependiendo de las condiciones.

Si las Montañas Rocosas hubieran existido durante decenas de millones de años, deberían haber sido reducidas significativamente, mucho más de lo que observamos hoy.

Este desajuste entre las tasas de erosión actuales y el grado de desgaste observable refuerza la idea de que las Montañas Rocosas y otras formaciones geológicas similares son mucho más jóvenes de lo que sugieren los modelos convencionales.

El grado de erosión observado en las Montañas Rocosas no concuerda con la idea de que estas montañas tienen cientos de millones de años de antigüedad.

Este argumento es consistente con la visión de una Tierra joven, donde las Rocosas y otras montañas se formaron rápidamente como resultado de eventos geológicos catastróficos en lugar de un proceso lento y gradual que toma millones de años.

Contraargumentos comunes:

Algunos geólogos argumentan que las Montañas Rocosas han sido rejuvenecidas por la actividad tectónica, lo que explica su relativa altura y prominencia actual.

Sin embargo, la erosión continua debería haber causado un desgaste mucho mayor en las montañas, incluso si hubo cierta actividad tectónica reciente.

Además, la falta de erosión significativa es difícil de explicar si consideramos que estas montañas han existido durante decenas de millones de años.

Snelling, A. A. (2009). Earth's Catastrophic Past: Geology, Creation, and the Flood. Institute for Creation Research.

Morris, J. D. (1994). The Young Earth: The Real History of the Earth - Past, Present, and Future. Master Books.

Austin, S. A. (1994). Grand Canyon: Monument to Catastrophe. Institute for Creation Research.

24) Rocas Sedimentarias Frescas:

Muchas formaciones de rocas sedimentarias muestran características que indican una rápida deposición en lugar de una acumulación lenta durante millones de años.

Este argumento se basa en la observación de que muchas de estas formaciones presentan capas horizontales y planas con muy poca erosión entre ellas, lo cual es más coherente con una deposición rápida durante eventos catastróficos, como el Diluvio de Noé, en lugar de los lentos procesos geológicos propuestos por los modelos evolucionistas.

Evidencia observada:

Capas horizontales y planas con poca erosión: En muchas formaciones de rocas sedimentarias se observan capas horizontales que están dispuestas de manera uniforme y plana, sin mostrar los signos típicos de erosión entre las capas.

Si estas capas hubieran sido depositadas lentamente a lo largo de millones de años, esperaríamos ver más signos de desgaste y erosión entre ellas, debido a la exposición prolongada a los elementos como el viento y la lluvia.

La falta de erosión significativa entre las capas es un fuerte indicativo de que las capas de sedimento fueron depositadas con rapidez, probablemente en el contexto de un evento catastrófico como una inundación masiva, donde grandes cantidades de sedimento fueron depositadas en un corto período de tiempo.

Conservación de fósiles: Muchas rocas sedimentarias contienen fósiles bien conservados, lo que sugiere que los organismos quedaron enterrados rápidamente, antes de tener tiempo de descomponerse o ser arrastrados por el agua.

La rápida sepultura es necesaria para preservar la estructura de los fósiles de manera tan detallada, ya que la descomposición y los carroñeros destruirían los restos si estos quedaran expuestos durante períodos prolongados.

Este tipo de conservación es más coherente con un evento catastrófico que causó una deposición rápida de grandes cantidades de sedimento, lo que sepultó rápidamente a los organismos.

El Diluvio de Noé, en el modelo creacionista, es el evento más citado que explicaría este fenómeno.

Formaciones sedimentarias vastas y uniformes: Se observan formaciones sedimentarias vastas y continuas que se extienden a lo largo de grandes áreas geográficas, lo cual es difícil de explicar mediante una deposición lenta y local.

Estas formaciones sugieren que el sedimento fue depositado de manera uniforme y rápida, lo que es más consistente con un evento global o regional masivo.

En eventos catastróficos, como el Diluvio, grandes cantidades de sedimento habrían sido arrastradas y depositadas en un período corto, cubriendo vastas áreas y creando las capas de sedimento planas y extendidas que observamos hoy en día.

Falta de bioturbación: La bioturbación es la alteración de los sedimentos por la actividad de organismos vivos, como lombrices o crustáceos, que cavan en el suelo y modifican la estructura sedimentaria.

En muchas formaciones sedimentarias, se observa una falta de bioturbación, lo que sugiere que las capas fueron depositadas rápidamente y que los organismos no tuvieron tiempo para alterar el sedimento.

Si las capas sedimentarias se hubieran acumulado lentamente durante millones de años, se esperaría encontrar más señales de bioturbación en ellas, ya que los organismos tendrían mucho tiempo para interactuar con el sedimento.

Implicaciones para la edad de la Tierra:

La falta de erosión significativa entre las capas sedimentarias, la presencia de fósiles bien conservados y la falta de bioturbación apuntan a que estas rocas sedimentarias fueron depositadas rápidamente en un evento catastrófico en lugar de una deposición lenta y gradual durante millones de años. Este tipo de deposición rápida es más consistente con una Tierra joven, donde los procesos geológicos importantes ocurrieron en un período corto de tiempo.

Comparación con los modelos evolutivos:

Los modelos evolucionistas proponen que las rocas sedimentarias se formaron lentamente a lo largo de millones de años, con la acumulación de sedimentos en el transcurso del tiempo.

Sin embargo, las características observadas en muchas formaciones sedimentarias, como la horizontalidad de las capas y la conservación de los fósiles, no son coherentes con una deposición lenta y prolongada.

En cambio, estos rasgos son más consistentes con una deposición rápida, como la que habría ocurrido durante el Diluvio de Noé, según el modelo creacionista.

Este evento catastrófico habría depositado rápidamente grandes cantidades de sedimento en todo el mundo, lo que explica la falta de erosión entre las capas y la preservación de los fósiles.

Contraargumentos comunes:

Los geólogos evolucionistas sugieren que la falta de erosión entre las capas sedimentarias podría deberse a períodos de estabilidad geológica o al hecho de que las capas fueron depositadas bajo el agua, lo que podría haber reducido la erosión.

Sin embargo, incluso en ambientes acuáticos, se esperaría ver cierta erosión y bioturbación si las capas hubieran permanecido expuestas durante períodos prolongados de tiempo.

Las características observadas en muchas formaciones sedimentarias, como las capas horizontales sin erosión significativa y la presencia de fósiles bien conservados, son más consistentes con una deposición rápida durante eventos catastróficos que con una acumulación lenta a lo largo de millones de años.

Esto apoya la idea de una Tierra joven, donde los procesos geológicos más importantes ocurrieron en un corto período de tiempo, en lugar de los lentos cambios graduales propuestos por los modelos evolutivos.

Snelling, A. A. (2009). *Earth's Catastrophic Past: Geology, Creation, and the Flood*. Institute for Creation Research.

Morris, J. D. (1994). *The Young Earth: The Real History of the Earth - Past, Present, and Future*. Master Books.

Austin, S. A. (1994). *Grand Canyon: Monument to Catastrophe*. Institute for Creation Research.

25) Expansión del Sahara:

El desierto del Sahara es el desierto cálido más grande del mundo y está en constante expansión hacia el sur debido a la desertificación.

Los estudios de la edad y la expansión del Sahara sugieren que este desierto tiene entre 4,000 y 6,000 años de antigüedad, lo cual es más coherente con un modelo de Tierra joven.

Si la Tierra realmente tuviera millones de años, como sugieren los modelos evolucionistas, sería razonable esperar que el Sahara fuera mucho más grande o que hubiera pasado por múltiples ciclos de formación y desaparición a lo largo del tiempo.

Sin embargo, la edad relativamente joven del Sahara plantea interrogantes sobre los modelos de una Tierra antigua.

Evidencia observada:

Tasa de expansión del Sahara: Se ha observado que el Sahara se está expandiendo hacia el sur a un ritmo aproximado de 48 kilómetros por año debido a la desertificación.

Esto significa que el desierto está cubriendo áreas más extensas a medida que el clima seco avanza y las áreas circundantes pierden vegetación.

Este proceso ha sido estudiado y monitoreado en las últimas décadas, y se estima que la expansión del Sahara comenzó hace aproximadamente 4,000 a 6,000 años, coincidiendo con eventos geológicos y climáticos significativos en la historia de la Tierra.

Edad estimada del Sahara: Los estudios de la edad del Sahara sugieren que este desierto se formó hace entre 4,000 y 6,000 años, después de un cambio climático importante que transformó lo que antes era una región más húmeda en el desierto que vemos hoy.

Se ha encontrado evidencia de antiguos lagos, ríos y una mayor biodiversidad en lo que ahora es el desierto del Sahara, lo que indica que la región no siempre fue árida y desértica.

Estos cambios apuntan a un evento relativamente reciente en términos geológicos, lo que no es consistente con una cronología de millones de años.

Ciclos de formación y desaparición: Si la Tierra tuviera millones de años, como sugieren los modelos evolucionistas, el Sahara debería haber pasado por múltiples ciclos de formación y desaparición, con el desierto expandiéndose y contrayéndose a lo largo de largos períodos de tiempo.

Sin embargo, no hay evidencia de que el Sahara haya existido en ciclos tan prolongados.

En lugar de eso, lo que observamos es un desierto en constante expansión, que parece haberse formado recientemente desde un punto de vista geológico, lo que apoya la idea de un evento importante que desencadenó su formación.

Cambios climáticos recientes: Los cambios climáticos significativos que dieron lugar a la formación del Sahara parecen haber ocurrido hace varios miles de años, no millones. Estos cambios pueden estar relacionados con eventos geológicos importantes, como el Diluvio de Noé, según el modelo creacionista.

El Diluvio habría causado un cambio significativo en el clima global, y la posterior formación de desiertos como el Sahara podría ser consecuencia de estos cambios. La cronología del Sahara encaja bien dentro de un modelo que sugiere una Tierra joven y una historia geológica reciente.

Falta de evidencia de ciclos antiguos: A pesar de los avances en la geología y la paleo climatología, no se han encontrado pruebas de que el Sahara haya existido como desierto durante millones de años.

No hay evidencia clara de que el Sahara haya pasado por múltiples ciclos de expansión y contracción durante millones de años, como se esperaría si la Tierra tuviera la antigüedad que sugieren los modelos evolutivos.

La edad joven del Sahara refuerza la idea de que los procesos geológicos actuales comenzaron en tiempos más recientes, lo que plantea dudas sobre la validez de los largos períodos de tiempo propuestos por la evolución.

Implicaciones para la edad de la Tierra:

La expansión del Sahara y su edad estimada de entre 4,000 y 6,000 años no concuerdan con un modelo de Tierra de millones de años. Si el Sahara realmente tuviera millones de años, deberíamos observar evidencia de múltiples ciclos de formación y desaparición del desierto, lo que no se encuentra en los registros geológicos. En cambio, lo que observamos es un desierto en expansión reciente, que encaja mucho mejor con un modelo de una Tierra joven.

Comparación con los modelos evolutivos:

Los modelos evolutivos proponen que la Tierra ha experimentado ciclos de desertificación y formación de desiertos a lo largo de millones de años.

Sin embargo, la evidencia observada en el Sahara no respalda esta teoría.

En lugar de ver evidencia de ciclos antiguos, los estudios muestran que el Sahara es un fenómeno relativamente reciente en términos geológicos, con una edad que se estima en solo unos pocos miles de años.

Contraargumentos comunes:

Algunos científicos evolucionistas argumentan que los desiertos, como el Sahara, pueden haber experimentado cambios en su tamaño a lo largo del tiempo debido a fluctuaciones climáticas, pero que estos cambios pueden ser difíciles de detectar en el registro geológico.

Sin embargo, la falta de evidencia de ciclos antiguos de formación y desaparición del desierto sigue siendo un problema para los modelos que proponen una Tierra de millones de años.

Griffin, D. (2002). The expansion of the Sahara Desert and its impacts on African civilizations. International Journal of Desert Studies.

Austin, S. A. (1994). Grand Canyon: Monument to Catastrophe. Institute for Creation Research.

Snelling, A. A. (2009). Earth's Catastrophic Past: Geology, Creation, and the Flood. Institute for Creation Research.

26) Cañón del Colorado:

El Cañón del Colorado se ha utilizado como ejemplo de erosión gradual durante millones de años, pero evidencias geológicas sugieren que pudo haberse formado rápidamente en un evento catastrófico relacionado con una gran inundación.

El Cañón del Colorado ha sido tradicionalmente utilizado como un ejemplo clásico de erosión gradual durante millones de años.

Según la visión convencional, el río Colorado habría ido erosionando lentamente las capas de roca sedimentaria durante unos 5 a 6 millones de años, dando lugar a la impresionante formación que vemos hoy en día.

La evidencia sobre el Cañón del Colorado y su formación rápida en lugar de un proceso gradual de millones de años es un tema de gran interés para los geólogos que apoyan el modelo de una Tierra joven.

El argumento se basa en tres observaciones principales:

Estratos sedimentarios planos y continuos: Estratos sedimentarios planos y continuos que se extienden por grandes distancias sin mostrar signos significativos de erosión entre ellos. Esto sugiere que las capas de sedimento fueron depositadas en rápida sucesión, no a lo largo de millones de años.

Esto contradice la noción de que se formaron lentamente durante millones de años, ya que, en ese caso, deberíamos ver signos de erosión significativa entre las capas.

La falta de esta evidencia sugiere que las capas pudieron haber sido depositadas en rápida sucesión, lo cual es más consistente con un evento catastrófico.

Falta de sedimentos erosionados: La teoría tradicional sostiene que el río Colorado erosionó lentamente el cañón durante millones de años, pero si eso fuera cierto, deberíamos encontrar una gran cantidad de sedimentos erosionados en las cercanías del cañón. Sin embargo, esto no es lo que se observa.

Esto apoya la idea de que el cañón fue formado rápidamente por una gran cantidad de agua en movimiento, lo que es coherente con un evento catastrófico como el Diluvio bíblico.

Sistemas fluviales: Los ríos que desembocan en el Cañón del Colorado y las formaciones de cañones menores no muestran el desarrollo que se esperaría si el proceso hubiera sido gradual.

La estructura geológica sugiere que el cañón se formó en un plazo mucho más corto, lo cual es difícil de explicar dentro del marco evolutivo tradicional de millones de años.

Esta interpretación catastrófica de la formación del Cañón del Colorado encaja dentro del modelo del Diluvio de Noé, que podría haber causado el rápido desplazamiento de grandes cantidades de agua, formando rápidamente el cañón en lugar de a lo largo de millones de años. Esta idea apoya la noción de una Tierra mucho más joven de lo que se suele postular en la teoría evolutiva.

Este enfoque de una erosión catastrófica se alinea con el relato del Diluvio de Noé, y plantea que el Cañón del Colorado podría haber sido el resultado de la retirada de grandes cantidades de agua durante un evento de inundación global, lo que habría acelerado dramáticamente el proceso de erosión.

De este modo, las grandes formaciones geológicas no requerirían millones de años para formarse, sino que podrían haberse originado en un plazo mucho más corto bajo condiciones extremas, lo que refuerza la idea de una Tierra joven.

Austin, S. A. (1994). Grand Canyon: Monument to Catastrophe. Institute for Creation Research. Este libro examina el Cañón del Colorado desde una perspectiva catastrófica, argumentando que su formación puede haberse producido durante el Diluvio de Noé.

Morris, H. M., & Whitcomb, J. C. (1961). The Genesis Flood: The Biblical Record and Its Scientific Implications. Phillipsburg: Presbyterian & Reformed Publishing. Este libro fue pionero en el enfoque catastrófico del Diluvio de Noé, proporcionando una base científica y bíblica para el estudio de los eventos geológicos.

Snelling, A. A. (2009). Earth's Catastrophic Past: Geology, Creation & the Flood. Institute for Creation Research. Este trabajo amplía los estudios sobre la geología en el contexto de una Tierra joven y el Diluvio, incluyendo discusiones sobre el Cañón del Colorado.

Oard, M. J. (2008). Flood by Design: Receding Water Shapes the Earth's Surface. Master Books. Este autor argumenta que muchas características geológicas grandes, incluyendo el Cañón del Colorado, fueron formadas por el retroceso de grandes cantidades de agua durante y después del Diluvio bíblico.

27) Pilares de Basalto:

La formación de pilares de basalto, también conocidos como columnas basálticas, es un fenómeno geológico impresionante que resulta del enfriamiento rápido de la lava basáltica. Cuando la lava se enfría rápidamente, comienza a contraerse y forma fracturas en patrones geométricos precisos, generalmente hexagonales o poligonales.

Este proceso de enfriamiento rápido genera pilares de basalto que, en algunos casos, pueden formarse en días o semanas bajo condiciones óptimas, lo que desafía la creencia anterior de que requerían millones de años para formarse.

Ejemplos notables de pilares de basalto incluyen:

La Calzada del Gigante (Irlanda del Norte): Es una formación icónica compuesta por más de 40,000 columnas de basalto.

Esta estructura se formó durante una erupción volcánica hace aproximadamente 60 millones de años, según la cronología evolucionista.

Sin embargo, algunos geólogos que apoyan la idea de una Tierra joven proponen que este tipo de formaciones podrían haberse generado en un evento catastrófico y rápido, como el Diluvio de Noé.

Devils Postpile **(California, EE. UU.):** Es otra impresionante formación de columnas basálticas que surgió a partir del enfriamiento rápido de un flujo de lava hace unos 100,000 años, según la cronología convencional.

Sin embargo, estas columnas bien conservadas sugieren que, bajo condiciones adecuadas, este proceso puede ocurrir en mucho menos tiempo.

Estos pilares de basalto son consistentes con la posibilidad de eventos geológicos rápidos y violentos, como aquellos asociados al diluvio global mencionado en la Biblia o la División en Tiempos de Peleg.

Estos ejemplos refuerzan la idea de que muchas de las formaciones geológicas no necesariamente requieren millones de años para formarse, y podrían haber ocurrido en tiempos mucho más cortos bajo condiciones extremas.

Referencias Bibliográficas:

Austin, S. A. (1994). Grand Canyon: Monument to Catastrophe. Institute for Creation Research.

Snelling, A. A. (2009). Earth's Catastrophic Past: Geology, Creation & the Flood. Institute for Creation Research.

Oard, M. J. (2008). Flood by Design: Receding Water Shapes the Earth's Surface. Master Books.

Estos estudios contribuyen a la comprensión de la rapidez con la que algunas formaciones geológicas, como los pilares de basalto, pueden formarse, respaldando la idea de eventos catastróficos en un marco de tiempo mucho más corto del que proponen los modelos geológicos convencionales.

Parte III: Evidencias Biológicas

Esta sección no trata sobre órganos específicos, como lo he hecho en circunstancias anteriores, tales como acerca del oído o el ojo. Aquí nos enfocaremos en las supuestas evidencias biológicas que los defensores de la evolución usan para sustentar su teoría.

La evolución, lejos de ser la verdad innegable que se nos ha querido hacer creer, se apoya en una serie de suposiciones que requieren una gran dosis de fe.

A menudo, los defensores de la evolución se limitan a mofarse de los que creen en la creación, en lugar de presentar pruebas claras y contundentes que respalden su teoría.

No solo presentan su posición como incuestionable, sino que tienden a desacreditar y ridiculizar a quienes plantean dudas legítimas sobre la veracidad de sus afirmaciones y, *La verdad no necesita ridiculizar a los demás, pues la verdad se sostiene sola.*

Uno de los mayores problemas con la evolución es que se presenta como una verdad absoluta, sin espacio para el debate, lo cual es en sí una postura anticientífica.

Los argumentos a favor de la evolución están plagados de un lenguaje dubitativo, utilizando expresiones como "tal vez", "pudiera ser", "posiblemente", lo que indica que no se trata de hechos concretos sino de especulaciones.

Sin embargo, cuando se enseña en los colegios o universidades, se lo hace sin margen para el cuestionamiento, mientras que la creencia en la creación es atacada como si fuera un error grave.

Este no es un problema únicamente de perspectiva, sino de principios filosóficos. La evolución es, en muchos sentidos, una creencia tan basada en la fe como lo es la creación bíblica.

Los evolucionistas tienen fe en que el tiempo y el azar han producido todo lo que existe, desde el ADN hasta los sistemas ecológicos más complejos. Creen que, de alguna manera, la vida surgió espontáneamente de la materia inerte, aunque esto nunca se ha observado directamente en ninguna parte.

Por otro lado, los creacionistas, que basan su fe en la Biblia, también encuentran en la ciencia numerosas evidencias de un diseño inteligente en la naturaleza.

La idea de una Tierra joven no es una simple creencia irracional, sino una posición que encuentra apoyo en hechos observables y, sobre todo, en los principios divinos.

Aquellos que ridiculizan la creación como una creencia absurda o inculta muestran, en muchos casos, una actitud de fanatismo, el cual se cierra al diálogo.

La evolución necesita de la fe tanto como la creación.

Requiere creer en procesos que nunca se han observado, como la transformación de una especie en otra diferente, o la aparición de vida de la nada.

Al final, cada persona debe decidir dónde deposita su fe: en un azar ciego y un tiempo infinito, o en un diseño intencionado y divino que deja huellas evidentes en la creación misma.

La verdad, tanto en la ciencia como en la fe, se mantiene firme por sí sola, y quienes la buscan, la encuentran.

28) Mutaciones Genéticas:

Este argumento presentado en como evidencia, sobre las mutaciones genéticas se enfoca en cómo las mutaciones en el ADN de cada generación se acumulan con el tiempo.

A continuación, te lo explico de manera sencilla para que sea entendible tanto por personas sin conocimientos en genética como por ateos:

Explicación con manzanitas:

Imagina que nuestro ADN es como una canasta llena de manzanitas. Cada manzanita representa una pieza de información genética, que es lo que nos hace ser como somos (nuestros rasgos, nuestra salud, etc.).

Ahora bien, cada vez que una generación pasa su canasta de manzanitas a la siguiente, aparece una manzanita podrida. Esa manzanita podrida simboliza una mutación, un pequeño error en nuestro ADN.

Si seguimos pasando la canasta de generación en generación, cada vez se añaden más manzanitas podridas. Y si después de muchísimas generaciones seguimos añadiendo manzanitas podridas, al final, Si seguimos añadiendo manzanitas podridas (mutaciones) a la canasta en cada generación, llegará un momento en que la canasta estará llena de manzanitas podridas, lo que afectará gravemente el funcionamiento de nuestro cuerpo.

Es decir, el ADN estaría tan lleno de errores que nuestro organismo ya no podría funcionar correctamente, y en última instancia, la vida sería inviable.

Esto se puede comparar con intentar construir una casa utilizando ladrillos rotos. Al principio, algunos ladrillos pueden no afectar tanto, pero si seguimos añadiendo ladrillos rotos con cada generación, la casa eventualmente colapsaría.

Relación con la evolución:

Si la humanidad hubiera existido por millones de años, nuestras canastas de manzanitas ya estarían demasiado llenas de manzanitas podridas. Esto quiere decir que, si las mutaciones se acumularan durante millones de años, como sugiere la teoría evolutiva, nuestra especie ya habría desaparecido debido a la cantidad de errores acumulados en nuestro ADN. O actualmente estaríamos llenos de errores, todo deformes y etcétera.

Otro ejemplo sencillo:

Es como si cada generación recibiera un libro con algunas páginas desordenadas (errores en el ADN). Si este proceso continúa por millones de años, eventualmente el libro sería tan confuso que no podrías entenderlo ni usarlo.

Lo mismo ocurre con el ADN: si los humanos lleváramos millones de años existiendo, nuestro ADN estaría tan dañado por mutaciones que sería incompatible con la vida.

En resumen, este argumento de la acumulación de mutaciones sugiere que la humanidad no ha existido por millones de años, sino por un periodo mucho más corto. Esto pone en duda la idea de que la vida ha existido durante tanto tiempo como propone la teoría de la evolución y, en cambio, apoya una visión de la vida más reciente, compatible con una Tierra joven.

Pero ¿por qué seguimos vivos? ¡Porque no todo está perdido! Nuestro cuerpo tiene formas de arreglar algunas de estas manzanitas podridas.

Es como si tuviéramos un equipo de reparadores que intenta arreglar los ladrillos rotos de nuestra casa.

Sin embargo, este equipo de reparadores no siempre puede arreglar todo. Y, además, con el tiempo, se van acumulando más y más manzanitas podridas, y el equipo de reparadores tiene cada vez más trabajo.

Dicho de otra forma: El ADN, que contiene la información genética de todos los seres vivos, sufre pequeñas alteraciones o "mutaciones" en cada generación.

Esto nos da una explicación muy sencilla y contundente de por qué la humanidad no puede ser tan antigua como dicen algunas personas. Con tan solo esto se desbarata, es concluyente, con que El Azar y La Madre Naturaleza junto al dios Tiempo, hayan podido crear todo lo existente. Es que en vez de orden tuviéramos un desorden.

Contraargumento (desde la perspectiva evolucionista):

Desde el punto de vista de los defensores de la evolución, las mutaciones genéticas no son siempre perjudiciales ni llevan inevitablemente a la extinción.

Los evolucionistas sostienen que, si bien es cierto que muchas mutaciones son dañinas o neutras, algunas mutaciones son beneficiosas y pueden ser favorecidas por la selección natural, mejorando la capacidad de adaptación de una especie a su entorno.

Esto es crucial para la evolución, ya que las mutaciones beneficiosas son las que permiten la aparición de nuevas características que pueden mejorar las probabilidades de supervivencia de un organismo.

Corrección de Mutaciones y Mecanismos de Reparación: Además, los evolucionistas argumentan que los organismos han desarrollado mecanismos de reparación genética, que pueden corregir muchos de los errores que ocurren durante la replicación del ADN. *Pero no lo han demostrado.*

Las células tienen sistemas de control que detectan y reparan daños en el ADN antes de que estos errores puedan ser transmitidos a la siguiente generación.

Si bien no todos los errores son corregidos, estos mecanismos reducen significativamente la tasa de acumulación de mutaciones dañinas.

Balance Evolutivo: Otro aspecto que los defensores de la evolución mencionan es el equilibrio entre la tasa de mutación y la selección natural. Aunque las mutaciones pueden acumularse, muchas de las mutaciones negativas o dañinas son eliminadas rápidamente de la población a través de la selección natural, es decir, los individuos que portan esas mutaciones tienden a tener menos éxito reproductivo.

De esta manera, la evolución mantiene un balance en el que las mutaciones beneficiosas pueden acumularse con el tiempo, mientras que las mutaciones perjudiciales son seleccionadas en contra.

Mutaciones Neutras: Además, existe la teoría neutralista de la evolución, que sugiere que muchas mutaciones no tienen un efecto significativo en la supervivencia o la reproducción de un organismo.

Estas mutaciones neutras pueden acumularse sin causar daños importantes, ya que no afectan directamente las funciones vitales del organismo.

En esta perspectiva, la acumulación de mutaciones no representa una carga letal para las especies, ya que no todas las mutaciones tienen consecuencias negativas.

Conclusión Evolutiva: Por lo tanto, el argumento de los evolucionistas es que las mutaciones genéticas, junto con la selección natural y los mecanismos de reparación del ADN, permiten a las especies adaptarse, evolucionar y sobrevivir durante largos periodos de tiempo sin que las mutaciones acumuladas resulten en la extinción.

La evolución se ve como un proceso balanceado en el que las mutaciones no conducen inevitablemente a la destrucción de una especie, sino que juegan un papel crucial en la diversificación y la adaptación de la vida en la Tierra.

Este contraargumento es fundamental para el debate, ya que ofrece una explicación alternativa de por qué las mutaciones no necesariamente conducen a la extinción en un marco de millones de años, como sugieren los modelos evolucionistas.

Errores en el razonamiento evolucionista:

Acumulación de mutaciones dañinas: Aunque los evolucionistas sostienen que las mutaciones beneficiosas y los mecanismos de reparación genética pueden compensar las mutaciones dañinas, la realidad es que la mayoría de las mutaciones son neutras o dañinas, no beneficiosas. Las mutaciones beneficiosas son extremadamente raras.

A medida que pasa el tiempo, las mutaciones dañinas siguen acumulándose en el genoma, lo que aumenta la carga genética en cada generación. Esta acumulación de mutaciones perjudiciales no es eliminada con suficiente eficacia por la selección natural, lo que eventualmente provoca un deterioro general en la población.

La idea de que los mecanismos de reparación genética pueden compensar todas estas mutaciones es optimista, pero inexacta; los sistemas de reparación tienen limitaciones, y no todas las mutaciones pueden ser corregidas.

Papel limitado de las mutaciones beneficiosas: El enfoque evolucionista asume que las mutaciones beneficiosas pueden compensar el daño causado por las mutaciones perjudiciales. Sin embargo, el problema es que las mutaciones beneficiosas son muy raras en comparación con las perjudiciales.

La probabilidad de que una mutación beneficie al organismo y sea seleccionada positivamente es sumamente baja, mientras que la mayoría de las mutaciones tienden a ser neutras o dañinas. Por lo tanto, la acumulación de mutaciones dañinas a lo largo del tiempo es mucho más probable que la aparición de mutaciones beneficiosas que puedan contrarrestarlas.

Ha habido cálculos acerca de la probabilidad de que una mutación sea beneficiosa. Uno de los genetistas que ha abordado este tema es John Sanford, quien en su libro *Genetic Entropy & the Mystery of the Genome* explica que la mayoría de las mutaciones son perjudiciales, y las mutaciones beneficiosas son extremadamente raras. Sanford calcula que las mutaciones beneficiosas están en el rango de 1 en 1 millón o incluso menos frecuentes, lo que significa que, por cada mutación beneficiosa, hay muchas más que son neutras o perjudiciales.

Otro estudio influyente en este campo fue realizado por H. J. Muller, ganador del Premio Nobel, quien en su artículo sobre la "carga mutacional" (*Our Load of Mutations, 1950*) también planteó que la gran mayoría de las mutaciones son ligeramente dañinas, lo que implica que el número de mutaciones beneficiosas es ínfimo en comparación.

En general, muchos biólogos (científicos, no son solos científicos los que están del lado de la evolución) coinciden en que las mutaciones beneficiosas, las cuales son necesarias para que la evolución sea un proceso acumulativo que incremente la complejidad y funcionalidad de los organismos, son extremadamente raras. La probabilidad está en el rango de 1 en 10,000 a 1 en 1,000,000, aunque puede variar dependiendo del organismo y el entorno.

Y uno más es, Michael Behe, en su obra *The Edge of Evolution*, también menciona que incluso cuando se observan mutaciones beneficiosas, estas suelen ser de pequeña magnitud y, muchas veces, implican la pérdida o degradación de alguna función genética preexistente, lo que pone en duda su contribución a un incremento en la complejidad biológica.

La conclusión de los estudios es que la acumulación de mutaciones dañinas a lo largo del tiempo es inevitable, y la tasa de aparición de mutaciones beneficiosas es demasiado baja como para equilibrar la creciente "carga mutacional".

Selección natural insuficiente: Aunque la selección natural elimina algunas mutaciones dañinas, no puede eliminar todas las mutaciones perjudiciales que se acumulan en el genoma.

De hecho, muchas mutaciones ligeramente dañinas pueden pasar desapercibidas para la selección natural y acumularse a lo largo de generaciones, debilitando gradualmente la población.

Este proceso es conocido como "degeneración genética" y sugiere que la selección natural no es un mecanismo infalible para mantener la estabilidad genética a lo largo de millones de años.

Mutaciones neutrales y degeneración: El argumento de las mutaciones neutrales, si bien es válido, también tiene sus fallas.

Muchas mutaciones aparentemente neutras pueden tener efectos negativos a largo plazo, afectando de manera sutil el genoma y contribuyendo a la carga mutacional.

Además, las mutaciones neutras que se acumulan en las regiones no codificantes del ADN pueden provocar un deterioro genético si en algún momento afectan la regulación genética o el control de genes esenciales.

Tiempo insuficiente para el equilibrio genético: El argumento de que las mutaciones beneficiosas compensan las mutaciones dañinas ignora el hecho de que el tiempo necesario para que las mutaciones beneficiosas se fijen en la población es muy largo en comparación con la rápida acumulación de mutaciones perjudiciales.

La tasa de mutación y los efectos acumulativos de las mutaciones dañinas superan con creces la capacidad de las mutaciones beneficiosas para arreglar o equilibrar el genoma, especialmente cuando se consideran escalas de tiempo de millones de años.

Resumidamente, la acumulación de mutaciones dañinas a lo largo de generaciones, junto con la baja frecuencia de mutaciones beneficiosas, refuta el argumento de que la evolución por selección natural puede mantener a las poblaciones genéticamente sanas a lo largo de millones de años. Este proceso de degeneración genética es incompatible con la larga cronología propuesta por los evolucionistas y apunta hacia una historia más reciente de la humanidad, lo que es coherente con una Tierra joven.

Algunas referencias claves:

Sanford, J.C. (2008). Genetic Entropy & the Mystery of the Genome. FMS Publications. Sanford, un genetista, presenta argumentos detallados sobre cómo las mutaciones negativas tienden a acumularse a lo largo del tiempo, debilitando las poblaciones. Su trabajo es fundamental para entender el concepto de degeneración genética y cómo las mutaciones perjudiciales superan las beneficiosas.

Behe, M.J. (2007). The Edge of Evolution: The Search for the Limits of Darwinism. Free Press.

Muller, H.J. (1950). Our Load of Mutations. American Journal of Human Genetics, 2(2), 111-176. Este artículo histórico de Muller, un reconocido genetista, introduce el concepto de la "carga mutacional", que hace referencia a la acumulación de mutaciones genéticamente dañinas a lo largo del tiempo.

Lynch, M. (2010). Rate, molecular spectrum, and consequences of human mutation. Proceedings of the National Academy of Sciences, 107(3), 961-968. En este artículo, Lynch analiza la tasa de mutaciones en humanos y el impacto que estas tienen en la evolución genética, destacando cómo las mutaciones perjudiciales pueden acumularse más rápido de lo que las mutaciones beneficiosas pueden eliminarlas.

Kondrashov, A. S. (1995). Contamination of the genome by very slightly deleterious mutations: Why have we not died 100 times over? Journal of Theoretical Biology, 175(4), 583-594. Kondrashov aborda la acumulación de mutaciones ligeramente perjudiciales en las poblaciones y plantea preguntas sobre por qué las poblaciones no se han extinguido debido a esta acumulación.

Estas fuentes proporcionan una sólida base científica sobre el debate de las mutaciones genéticas y sus implicaciones en los tiempos evolutivos.

29) Extinción de Especies:

El argumento sobre la extinción de especies se basa en que, si la Tierra realmente tuviera millones de años, deberíamos observar una tasa de extinción mucho mayor en relación con la biodiversidad actual. Aquí está el argumento más desarrollado:

Extinciones y Biodiversidad Actual: Si la Tierra fuera extremadamente antigua (de millones de años), sería lógico suponer que muchas más especies se habrían extinguido a lo largo del tiempo.

Esto es similar a la metáfora de la caja de juguetes: si esa caja ha existido durante mucho tiempo, muchos de sus "juguetes" (especies) deberían haber desaparecido o estar deteriorados.

Sin embargo, la cantidad de biodiversidad presente en la actualidad parece incompatible con millones de años de historia. Si el ritmo de extinción hubiera sido constante o incluso más acelerado en un planeta tan antiguo, deberíamos encontrar muchas más especies extintas y menos biodiversidad.

Esta observación es usada por algunos defensores de la Tierra joven como una señal de que el tiempo no es tan largo como se plantea en la visión evolutiva.

Registro Fósil y Eventos Catastróficos: El registro fósil tampoco apoya una extinción gradual a lo largo de millones de años. Por el contrario, muestra que muchas especies desaparecieron de manera abrupta debido a eventos catastróficos, como impactos de asteroides o grandes erupciones volcánicas.

Estos eventos catastróficos serían más consistentes con una historia más reciente de la Tierra, en lugar de una historia que abarque millones de años.

Este tipo de extinciones repentinas, observadas en los estratos geológicos, refuerza la idea de que los cambios en la Tierra podrían haber ocurrido en un marco de tiempo mucho más corto.

Desafíos Evolutivos: La evolución por selección natural requiere de un proceso lento y gradual a lo largo de millones de años. Sin embargo, la existencia de estos eventos catastróficos pone en entredicho que las especies hayan tenido suficiente tiempo para adaptarse lentamente. Esto podría sugerir que las extinciones y la aparición de nuevas especies ocurrieron en un lapso mucho más corto del que la teoría evolutiva tradicional sugiere.

Para la bibliografía sobre el tema de la extinción de especies y los argumentos a favor de una Tierra joven, se pueden incluir las siguientes fuentes generales:

Morris, Henry M. *The Genesis Flood: The Biblical Record and Its Scientific Implications*. Este libro aborda los eventos catastróficos como el Diluvio de Noé y su impacto en la extinción de especies, cuestionando la narrativa de la evolución gradual y la larga historia de la Tierra.

Snelling, Andrew A. Earth's Catastrophic Past: Geology, Creation & the Flood. Este autor se centra en los aspectos geológicos y paleontológicos que apoyan una interpretación bíblica de la historia de la Tierra, incluyendo el tema de la extinción de especies en relación con la Tierra joven.

Whitcomb, John C. y Henry M. Morris. The Genesis Flood. Es uno de los textos clásicos en la discusión sobre la creación y el Diluvio, argumentando que los eventos catastróficos moldearon la Tierra de manera rápida, lo que afecta la interpretación del registro fósil.

Austin, Steven A. Grand Canyon: Monument to Catastrophe. Un análisis geológico del Gran Cañón, argumentando que formaciones como estas y las extinciones asociadas se ajustan mejor a un modelo catastrófico, compatible con una Tierra joven.

Woodmorappe, John. Noah's Ark: A Feasibility Study. Este estudio ofrece una visión sobre cómo las extinciones de especies podrían estar relacionadas con un diluvio global y un marco de tiempo bíblico.

Estos textos proporcionan un trasfondo científico y teológico que argumenta en favor de eventos catastróficos puntuales y de la extinción masiva en un marco de tiempo más reciente, apoyando la idea de una Tierra joven. Aunque una pena que el evento ocurrido en tiempos de Peleg haya tan poca información y no entramos en suposiciones como los incrédulos.

30) Relojes Biológicos

Dendrocronología

Los **relojes biológicos** son mecanismos internos *en los organismos vivos* que regulan diversos procesos fisiológicos en función del tiempo. Estos relojes son cruciales para mantener el ritmo y sincronización de funciones biológicas, como el crecimiento, el envejecimiento, la reproducción y los ciclos de sueño.

La **dendrocronología** es el estudio de los anillos de crecimiento en los árboles. Cada año, los árboles producen un nuevo anillo de crecimiento, y estos anillos pueden analizarse para obtener información sobre la edad del árbol y sobre las condiciones ambientales que experimentó durante su vida.

Los relojes biológicos en las células, como los telómeros, sugieren una duración limitada de la vida.

Los **telómeros** están compuestos principalmente por **ADN repetitivo** y un conjunto de **proteínas específicas** que funcionan juntas para proteger los extremos de los cromosomas.

Los telómeros están formados por repeticiones de una corta secuencia de ADN rica en las bases guanina y timina (en humanos, esta secuencia es repetida miles de veces como TTAGGG).

Los telómeros están asociados con varias proteínas específicas, como las proteínas del complejo "shelterin," que estabilizan y protegen el extremo del cromosoma. Estas proteínas incluyen TRF1, TRF2, POT1, entre otras, y ayudan a evitar que el sistema de reparación de ADN de la célula confunda el telómero con un fragmento de ADN dañado.

L-Glutamina y L-Lisina: Estos aminoácidos son importantes para la síntesis y mantenimiento de proteínas, y pueden apoyar la estabilidad del complejo shelterin. Y existen otra recomendaciones de lugar para evitar que los telómeros se acorten.

Los telómeros, que protegen el ADN en los cromosomas, se acortan con cada división celular, un proceso que no podría sostenerse durante millones de años en organismos complejos.

Imagina un cordón de zapato con un plástico en cada extremo que lo protege de deshilacharse; cada vez que lo atas, ese plástico se desgasta.

De manera similar, cada vez que una célula se divide, los telómeros se acortan hasta un punto en el que la célula ya no puede dividirse y muere.

Esto implica un límite biológico de tiempo para la vida en la Tierra.

Si la vida hubiera existido durante miles de millones de años, los organismos antiguos deberían haber pasado por tantas divisiones celulares que sus telómeros estarían agotados, lo cual no es el caso.

Los telómeros, entonces, imponen un límite a la longevidad celular y, por ende, a la vida en organismos complejos.

En un escenario de millones de años, deberíamos encontrar organismos con telómeros extremadamente cortos o sin ellos, lo cual no sucede.

Otros Relojes Biológicos Relevantes son:

1. **Metilación del ADN**: Este proceso añade grupos metilo a ciertas bases del ADN y cambia con la edad, indicando una "edad biológica".

2. **Modificaciones de histonas**: Las histonas, proteínas alrededor de las cuales se enrolla el ADN, pierden eficacia con el tiempo. Esta no la he incluido y dentro de las 81 salieron a relucir muchas más,

   He elegido estructurar 81 evidencias por el simbolismo del número, pero, en realidad, las evidencias podrían ser vastas, quizá incontables. Este enfoque limitado en número, pero amplio en profundidad, le da al proyecto una estructura manejable, mientras sugiere que hay muchas más pruebas que podrían respaldar una Tierra y un universo jóvenes.

3. **Proteínas chaperonas**: Estas proteínas ayudan al plegamiento de otras proteínas; con el tiempo, su eficiencia disminuye, contribuyendo a enfermedades neurodegenerativas.

4. **Microbioma**: La comunidad de microorganismos en nuestro cuerpo cambia con la edad, influyendo en la salud y longevidad.

5. **Ciclo celular**: Un proceso regulado por proteínas que controlan la división celular, con errores que aumentan el envejecimiento y riesgo de enfermedades.

6. **Daño al ADN**: Las células acumulan daños en el ADN por factores como radiación y productos químicos, llevando a envejecimiento o muerte celular.

7. **Radicales libres**: Moléculas inestables producidas por el metabolismo que, al acumularse, dañan las células y aceleran el envejecimiento.

Estos mecanismos biológicos actúan como relojes internos, y si los organismos hubieran existido por millones de años, estos procesos habrían fallado, apuntando hacia un límite biológico mucho más corto para la vida en la Tierra y apoyando así la idea de una Tierra joven.

Dendrocronología: El Árbol más Antiguo del Mundo

El árbol más antiguo registrado, conocido como "Matusalén," un pino longevo (Pinus longaeva), tiene aproximadamente 4,846 años, una edad que coincide con el tiempo posterior al Diluvio bíblico (según cronológica bíblica sucedió hace unos 4,400 años).

Este árbol se encuentra en las Montañas Blancas de California, EE. UU., en un lugar no revelado para protegerlo. Su edad se determina mediante el carotaje o extracción de núcleos, usando una barrena de Pressler para extraer un cilindro de madera, pero sin dañar el árbol y contar sus anillos de crecimiento, cada uno representando un año El árbol tiene unos 15 metros de altura.

Matusalén es considerado un "testigo viviente" de eventos históricos, incluyendo cambios climáticos y ambientales durante los últimos milenios.

Su longevidad desafía la idea de grandes ciclos de tiempo en la historia de la Tierra y se alinea mejor con una cronología de miles, no millones de años.

Los pinos longevos, como Matusalén, sobreviven en condiciones áridas y duras, en altitudes elevadas con poco suelo y agua, factores que contribuyen a su longevidad.

Si la Tierra realmente tuviera condiciones adecuadas para la vida durante cientos de miles o millones de años, cabría esperar encontrar árboles u organismos longevos que reflejaran esas edades.

Ejemplos como el pino longevo o las secuoyas gigantes tienen la capacidad de vivir miles de años, pero los árboles más longevos que conocemos, como Matusalén, alcanzan una edad máxima cercana a los 4,800 años.

En un escenario de millones de años, sería razonable encontrar árboles de 8,000, 15,000 o 25,000 años, lo que plantea la pregunta: ¿Por qué no hay árboles significativamente más antiguos? Esto sugiere que la Tierra no ha estado en su estado actual durante millones de años.

No pretendo extrapolar una conclusión definitiva sobre la edad de la Tierra a partir de un solo caso, pero tampoco es razonable ignorar su aporte al cúmulo de evidencias.

Aunque la evolución tiende a extraer conclusiones de un solo fósil o fragmento óseo, este trabajo busca sumar cada evidencia como parte de un conjunto más amplio.

La Biblia afirma, de forma categórica y sin ambigüedades, que "En el principio creó Dios los cielos y la tierra," un mensaje directo que, a diferencia de los términos ambiguos de la evolución, no depende de suposiciones o posibilidades.

Algunas referencias para sustentar estos temas:

Elizabeth H. Blackburn, Carol W. Greider, y Jack W. Szostak: Su trabajo sobre telómeros y longevidad celular, **reconocidos con el Premio Nobel en 2009**, es fundamental. Puedes encontrar sus investigaciones en algunos de sus trabajos claves se publicaron en revistas de alto impacto, especialmente en **Cell** y **Annual Review of Biochemistry**.

Blackburn, E. H., Greider, C. W., & Szostak, J. W. "Telomeres and Telomerase: The Pathway to Immortality." Cell, y Annual Review of Biochemistry.

A. Olovnikov: Teoría de que el acortamiento de telómeros limita la replicación celular, publicado en "A Theory of Marginotomy" en el Journal of Theoretical Biology (1973).

Edmund Schulman: Pionero en estudios de la longevidad de los pinos longevos en las Montañas Blancas, con la identificación del árbol "Matusalén."

Schulman, E. "Longevity under Adversity in Conifers." Science (1958).

Donald R. Currey: Investigaciones en dendrocronología, incluyendo la datación de anillos de crecimiento en árboles antiguos.

Currey, D. R. "Dating Tree Rings of Pinus Longaeva." American Journal of Botany (1965).

Henry M. Morris. The Genesis Flood: The Biblical Record and Its Scientific Implications. Relaciona los eventos del Diluvio con la interpretación de una Tierra joven y extinciones rápidas y una pena que no haya tratado La División de La Pange en Tiempos de Peleg.

Andrew A. Snelling. Earth's Catastrophic Past: Geology, Creation & the Flood. Examina las implicaciones geológicas y biológicas del Diluvio en la extinción de especies, reforzando la cronología bíblica.

Pueden acceder a ellos en bases de datos académicas como **PubMed, ScienceDirect** o **JSTOR**, o a través de bibliotecas universitarias que suscriben estas revistas científicas.

31) Fósiles de Tejido Blando:

El descubrimiento de fósiles que contienen **tejidos blandos**, como músculos, vasos sanguíneos e incluso estructuras celulares, plantea serios desafíos a la idea de que estos fósiles tienen millones de años.

En condiciones normales, los tejidos blandos se descomponen rápidamente después de la muerte, ya que son altamente vulnerables a procesos de putrefacción y desintegración. Incluso en ambientes altamente favorables, la posibilidad de que estos tejidos perduren durante millones de años es extremadamente baja.

En las **condiciones más favorables** (por ejemplo, ambientes fríos, secos o sin oxígeno), los tejidos blandos pueden conservarse durante miles de años, pero no millones. La **conservación de tejidos blandos en fósiles de millones de años** resulta sorprendente porque, incluso en condiciones óptimas, la estabilidad de las moléculas orgánicas no suele superar unos pocos miles de años antes de descomponerse. Aquí te explico en detalle:

Duración en Condiciones Favorables

1. **Momias y Preservación en Seco o Congelado**: En condiciones extremas como el congelamiento o ambientes áridos, los tejidos blandos pueden conservarse **hasta unos pocos miles de años** (como es el caso de momias humanas o de mamuts preservados en hielo). Por ejemplo:

    - **Momias Egipcias**: Conservadas en climas secos, pueden tener entre **3,000 y 4,000 años** de antigüedad.

    - **Momias Naturales en Hielo**: Como el famoso "Hombre de Hielo" (Ötzi), que se estima tiene alrededor de **5,300 años**.

2. **Condiciones Sin Oxígeno y Entierro Rápido**: Cuando un organismo queda atrapado en lugares sin oxígeno y cubierto rápidamente por sedimentos, algunos tejidos pueden preservarse mejor debido a la falta de oxígeno y la inactividad bacteriana. Sin embargo, incluso en estos ambientes, la conservación de tejidos blandos rara vez supera **decenas de miles de años**.

3. **Moléculas Orgánicas y Proteínas**: Estudios científicos han demostrado que las proteínas y otros compuestos orgánicos en tejidos blandos suelen degradarse de manera irreversible con el tiempo, incluso en ausencia de factores que aceleren la descomposición (como oxígeno, humedad o actividad bacteriana). La descomposición molecular y la ruptura de

enlaces en proteínas y ADN generalmente no permitirían la conservación de tejidos durante millones de años.

La Diferencia con Fósiles de Millones de Años

Lo que hace sorprendentes los hallazgos de tejidos blandos en fósiles de dinosaurios de millones de años es que, según lo que sabemos sobre la química de los tejidos, estos materiales orgánicos **deberían haberse desintegrado por completo** en un plazo mucho más corto.

La presencia de tejido blando en fósiles tan antiguos contradice el modelo de descomposición que observamos en otros restos de edad mucho menor y sugiere que estos tejidos han sido fosilizados en condiciones excepcionales, lo que plantea preguntas sobre la cronología y los procesos de fosilización.

La preservación de tejidos blandos en fósiles sugiere que estos restos pueden ser mucho más jóvenes de lo que tradicionalmente se cree.

Imaginemos un **sándwich** dejado al aire libre: el pan se seca, el queso se deteriora y los ingredientes comienzan a descomponerse rápidamente.

Similarmente, cuando un organismo muere, la carne, la piel y otros tejidos blandos se descomponen con rapidez.

Así, cuando un organismo es fosilizado, se espera que solo las partes más duras, como los huesos o dientes, permanezcan intactas.

Sin embargo, el hallazgo de **fósiles de dinosaurios con tejidos blandos bien preservados** es comparable a encontrar un sándwich en perfectas condiciones después de miles o millones de años.

Este fenómeno genera preguntas importantes:

- Si estos fósiles realmente tienen millones de años, ¿cómo han sobrevivido los tejidos blandos?

- ¿Qué factores podrían explicar esta preservación, y por qué no los encontramos en otros fósiles igualmente antiguos?

32) Bacterias Antiguas:

Argumento: La reactivación de bacterias encontradas en ámbar y hielo que han permanecido inactivas durante supuestos millones de años sugiere que la Tierra podría ser más joven de lo que generalmente se afirma.

Estas bacterias "dormidas" han vuelto a la vida cuando se les colocó en condiciones adecuadas, lo cual plantea dudas, ya que se esperaría que el ADN y las células se desintegraran en un período tan largo. La capacidad de sobrevivir intactas contradice la noción de millones de años.

Nadie pensó en eso en la Película Jurassic Park donde se plantea que: un mosquito pica un dinosaurio, luego este mosquito queda atrapado en un ámbar dominicano, (aunque el ámbar no es exclusivo de República Dominicana, aunque el ámbar dominicano es famoso por su alta calidad y la cantidad de fósiles que preserva. Otros depósitos importantes de ámbar se encuentran en México, *Baltic Sea regions* (como en Rusia y Polonia), Myanmar (Birmania), y Estados Unidos (especialmente en New Jersey). Cada uno de estos depósitos tiene características y edades diferentes, reflejando las condiciones geológicas de sus regiones) luego toman el ADN de esos dinosaurios que picaron esos mosquitos (debieron ser unos super mosquitos para penetrar la supuesta piel de esos dinosaurios) y con el ADN "crean" la misma especie que el mosquito había chupado su sangre.

El punto es que, con el cuento, muchos quedaron inmediatamente adoctrinados, mediante el uso del cine.

La idea popularizó la genética de dinosaurios, pero plantea serias incongruencias, especialmente con una extinción que ocurrió hace unos 66 millones de años.

Algunas incongruencias adicionales en *Jurassic Park* que desafían los principios de la evolución y la biología incluyen:

1. **Conservación del ADN**: El ADN no puede durar millones de años. Aún en condiciones extremas, el ADN se

descompone gradualmente, y sería improbable encontrar ADN completo y utilizable después de 66 millones de años.

2. **Compatibilidad de ADN**: Aunque se obtuviera ADN fragmentado, su ensamblaje y manipulación para recrear un dinosaurio sería altamente especulativo, pues carecemos de un "mapa completo" para interpretar y reconstruir el ADN dinosauriano.

3. **Limitación Genética y Clonación**: La extracción y mezcla de ADN con especies actuales no garantizaría la reconstrucción exacta de la especie extinta, ya que los genes, en especies separadas por millones de años de evolución, no encajarían fácilmente.

4. **Hábitat y Ciclo de Vida**: Incluso si se lograra "revivir" un dinosaurio, habría desafíos para adaptarlo a un entorno moderno, lo que plantea dudas sobre su ciclo de vida y adaptación en nuestro ecosistema actual.

Estos puntos subrayan la dificultad científica y lógica de recrear especies extintas a partir de restos de ADN antiguos.

Comparación: Es como encontrar comida fresca después de millones de años en una nevera, lo que no cuadra con nuestro entendimiento de la vida y la descomposición.

Estos hallazgos han impulsado debates sobre la capacidad de supervivencia a largo plazo y sugieren que el tiempo geológico estimado podría requerir revisión.

Soporte Científico y Fuentes

Vreeland, R. H., Rosenzweig, W. D., & Powers, D. W. (2000). Isolation of a 250-million-year-old halotolerant bacterium from a primary salt crystal. **Nature**, 407(6806), 897-900. Este estudio describe la reactivación de una bacteria hallada en cristales de sal supuestamente de millones de años.

Cano, R. J., & Borucki, M. K. (1995). Revival and Identification of Bacterial Spores in 25- to 40-Million-Year-Old Dominican Amber. **Science**, 268(5213), 1060-1064. Analiza bacterias en ámbar que fueron "revividas" después de millones de años.

33) Análisis del ADN Mitocondrial:

Argumento: El ADN mitocondrial tiene una tasa de mutación más rápida de lo que se pensaba inicialmente, lo que sugiere que la humanidad podría haber surgido hace solo unos miles de años.

Imagínate tu cuerpo como una fábrica. Dentro de cada célula de esa fábrica hay unas pequeñas centrales eléctricas llamadas mitocondrias. Estas mitocondrias tienen su propio ADN, mucho más pequeño que el ADN que tenemos en el núcleo de nuestras células. Este ADN especial se llama ADN mitocondrial.

Una característica importante del ADN mitocondrial es que se hereda exclusivamente de la madre. Es decir, tú recibes tu ADN mitocondrial de tu madre, ella de su madre, y así sucesivamente. Al heredarse solo por línea materna, el ADN mitocondrial nos permite rastrear nuestra ascendencia materna a través de las generaciones.

Al igual que un reloj, el ADN mitocondrial va acumulando mutaciones (cambios en su secuencia) a lo largo del tiempo. Cuanto más tiempo pase, más mutaciones habrá. Por eso, se puede usar el ADN mitocondrial como un "reloj molecular" para estimar cuándo dos poblaciones se separaron o cuándo surgió una especie.

Si la tasa de mutación es más rápida, entonces las diferencias genéticas entre las poblaciones humanas podrían haberse acumulado en un período de tiempo más corto. Esto podría sugerir que la humanidad surgió hace menos tiempo del que se pensaba tradicionalmente.

Si no se entendió veamos en otras palabras, pero todos descendemos de EVA. ESA ES LA CONCLUSIÓN. LES GUSTE O NO. Y LA BIBLIA DEMUESTRA QUE NO ES MISOGINA.

El ADN mitocondrial (ADNmt) es una parte especial de nuestro ADN que se encuentra en las mitocondrias, las "fábricas de energía" de nuestras células. Este ADNmt se transmite solo de madre a hijos, lo que lo convierte en una herramienta muy útil para rastrear linajes familiares y entender los orígenes de la humanidad.

Investigaciones más recientes han demostrado que la tasa de mutación del ADNmt es en realidad más rápida de lo que se pensaba. Esto cambia las cosas. Si las mutaciones ocurren más rápido, significa que la "edad" de la humanidad, basada en el ADNmt, es mucho menor de lo que se creía. Algunos estudios sugieren que podríamos haber surgido hace solo unos miles de años, lo que se ajusta mucho más a la cronología bíblica que a la idea de una humanidad que tiene cientos de miles de años.

Si seguimos el rastro del ADNmt de toda la humanidad, llegamos a una mujer que vivió hace unos miles de años, no hace cientos de miles, lo cual concuerda mucho mejor con la narrativa de una humanidad joven, tal como se describe en la Biblia.

Algunos estudios y referencias clave incluyen:

Cann, Rebecca L., Stoneking, Mark, y Wilson, Allan C. (1987). Mitochondrial DNA and human evolution. **Nature***, 325(6099), 31-36.* Este estudio introdujo el concepto de "Eva mitocondrial," sugiriendo que toda la humanidad comparte una línea materna común.

Parsons, T.J., et al. (1997). A high observed substitution rate in the human mitochondrial DNA control region. **Nature Genetics***, 15(4), 363-368.* Esta investigación encontró una tasa de mutación en el ADN mitocondrial más alta de lo esperado, lo cual podría indicar una cronología más corta para la humanidad.

Gibbons, A. (1998). Calibrating the Mitochondrial Clock. **Science***, 279(5347), 28-29.* Este artículo analiza el debate sobre la tasa de mutación del ADN mitocondrial y sus implicaciones para la cronología humana.

Estos estudios y artículos son relevantes para explorar cómo la tasa de mutación del ADN mitocondrial puede influir en las estimaciones de la antigüedad de la humanidad.

34) Colapso de Ecosistemas:

Argumento: La estabilidad de ecosistemas completos es insostenible a lo largo de millones de años debido a la fragilidad de las cadenas alimenticias y las interdependencias biológicas.

Los ecosistemas, con sus intrincadas redes de vida y relaciones interdependientes, son inherentemente frágiles y no pueden mantener su estabilidad a lo largo de millones de años. Cada especie en un ecosistema depende de otras para sobrevivir.

Si una especie desaparece, puede desencadenar una reacción en cadena que afecte a todo el ecosistema. Eventos como erupciones volcánicas, cambios climáticos bruscos o enfermedades pueden diezmar poblaciones y alterar las cadenas alimenticias.

Los ecosistemas son complejos, formados por muchas especies que dependen unas de otras para sobrevivir. Por ejemplo, los depredadores necesitan presas para alimentarse, y las plantas necesitan polinizadores para reproducirse. Todo está interconectado, como en una cadena alimenticia. Ahora, si este equilibrio delicado de los ecosistemas hubiera durado millones de años, las pequeñas perturbaciones en esas relaciones podrían haber causado colapsos importantes.

Un pequeño cambio, como la extinción de una especie clave (como los polinizadores o las presas), podría desestabilizar todo el ecosistema. Si las especies estuvieran viviendo juntas durante millones de años, las probabilidades de que estos colapsos sucedieran serían muy altas.

En cambio, lo que observamos es que muchos ecosistemas han permanecido relativamente estables durante largos periodos, lo cual es más coherente con un escenario de una Tierra joven, donde estos ecosistemas no han tenido que soportar la fragilidad de la interdependencia durante millones de años. En resumen, la estabilidad de los ecosistemas es difícil de sostener durante tanto tiempo, lo que sugiere que no han existido por millones de años, sino por miles.

algunas referencias sobre la fragilidad y estabilidad de los ecosistemas y su dificultad para sostenerse durante millones de años:

1. **Odum, Eugene P.** *Fundamentals of Ecology*. Este libro clásico de ecología analiza la interdependencia en las cadenas alimenticias y la inestabilidad que ocurre al alterarse una especie clave.

2. **Terborgh, John, et al.** (2001). *Ecological Meltdown in Predator-Free Forest Fragments*. **Science**, 294(5548), 1923-1926. Este estudio destaca cómo la eliminación de depredadores

desestabiliza los ecosistemas y muestra la fragilidad de las interdependencias ecológicas.

3. **Pimm, S. L.** (1991). *The Balance of Nature? Ecological Issues in the Conservation of Species and Communities.* **University of Chicago Press**. Examina cómo la extinción de una especie puede causar colapsos ecológicos, argumentando que los ecosistemas tienen límites para la estabilidad a largo plazo.

Estas fuentes presentan evidencia de que la estabilidad a largo plazo en ecosistemas complejos es limitada, planteando preguntas sobre la capacidad de los ecosistemas para mantenerse durante millones de años.

35) Registro de Supervivencia Animal:

Argumento: Las especies actuales muestran características genéticas que serían insostenibles si tuvieran millones de años. Por ejemplo, la complejidad genética de ciertos animales no concuerda con una evolución gradual y sostenida por millones de años.

Cuando observamos a los animales hoy en día, encontramos que tienen una complejidad genética impresionante. Esta complejidad se refiere a cómo está organizada su información genética, que determina cosas como cómo crecen, cómo se reproducen y cómo funcionan sus cuerpos.

La teoría de la evolución sugiere que esta complejidad se desarrolló lentamente a lo largo de millones de años, a través de pequeños cambios o mutaciones en el ADN de los animales. Sin embargo, hay especies con características genéticas tan complejas que no parece posibles ni probables que estos cambios lentos y graduales hayan sido suficientes para producir tal nivel de sofisticación en su genética.

En otras palabras, si las especies hubieran existido durante millones de años y evolucionado lentamente, no habríamos esperado ver tanta complejidad en su ADN. Es como si un sistema tan complicado no pudiera haberse formado a base de pequeños pasos, sino que parece haber sido diseñado con toda esa complejidad desde el principio.

Esto pone en duda la idea de que todo se desarrolló a lo largo de millones de años de manera gradual y sugiere que las especies actuales no han estado aquí por tanto tiempo.

La teoría de la evolución, tal como se presenta hoy, exige una carga de fe considerable en procesos que nunca han sido observados directamente y en escalas de tiempo que son difíciles de reconciliar con la evidencia biológica que tenemos a nuestro alrededor. Los datos sobre las mutaciones genéticas, la fragilidad de los ecosistemas, y los relojes biológicos como los telómeros y el límite de Hayflick, así como los sorprendentes descubrimientos de tejidos blandos en fósiles y bacterias preservadas, nos llevan a cuestionar seriamente la idea de una Tierra de millones de años.

Lo que observamos en la biología moderna sugiere que la vida no ha tenido millones de años para acumular mutaciones o para mantener ecosistemas estables. En cambio, las especies parecen haber surgido recientemente, en términos históricos, y muestran una complejidad que desafía la explicación gradualista de la evolución. Estas pruebas biológicas refuerzan la posibilidad de una Tierra joven, donde los procesos de la vida no han estado ocurriendo durante millones de años, sino por un periodo mucho más corto, como se describe en la Biblia.

Así como no se puede construir una casa con ladrillos rotos, no se puede esperar que la vida en la Tierra haya evolucionado a lo largo de millones de años sin desmoronarse bajo el peso de las mutaciones, las extinciones, y la fragilidad de los ecosistemas. La ciencia biológica, más que refutar, parece confirmar una historia más reciente y coherente con la creación divina.

Si el lector desea respaldar el argumento sobre la complejidad genética y la sostenibilidad a lo largo de millones de años en animales, aquí tienes algunas fuentes relevantes:

Behe, Michael J. Darwin's Black Box: The Biochemical Challenge to Evolution. Behe analiza la "complejidad irreducible" en la biología, sugiriendo que muchas estructuras biológicas son demasiado complejas para haberse formado gradualmente.

Sanford, J. C. Genetic Entropy & the Mystery of the Genome. Examina cómo las mutaciones acumulativas afectan negativamente la información genética en organismos, cuestionando la idea de una evolución prolongada y positiva.

Limitaciones del Límite de Hayflick: El límite de divisiones celulares de las células eucariotas, conocido como límite de Hayflick, establece un máximo de divisiones celulares antes de la senescencia, lo cual implica limitaciones para la longevidad de los organismos multicelulares.

Parte IV: Evidencias Físicas y Atmosféricas

36) Helio Atmosférico y Tierra Joven

Dentro de las Evidencias Físicas y Atmosféricas está en primer lugar el Helio que, por ser tan extensa, como ya sucediera con el caso de la sobrepoblación y restos de estas que deberían existir y también con el caso del oído, del ojo, y otras más, este caso por su extensión la comparto de manera solitaria.

El helio, el segundo gas más ligero después del hidrógeno, juega un papel crucial en desafiar las suposiciones de una Tierra de miles de millones de años, base fundamental de la teoría evolutiva. A continuación, se presentan varios puntos clave que demuestran cómo el helio aporta a la refutación de la cronología evolucionista:

Los niveles actuales de helio en la atmósfera de la Tierra son inconsistentes con una edad de miles de millones de años. El helio se genera bajo o debajo de la superficie terrestre y se escapa lentamente hacia la atmósfera. Si la Tierra tuviera realmente miles de millones de años, deberíamos encontrar mucho más helio acumulado en la atmósfera, ya que este gas se escapa muy lentamente al espacio exterior.

El Dr. Larry Vardiman, en su exhaustivo estudio titulado *The Age of the Earth's Atmosphere* (1990), demostró que, bajo las tasas actuales de liberación de helio en la atmósfera, la acumulación de helio habría tomado menos de 2 millones de años. Si bien esta cifra puede ser más alta de lo que algunos creacionistas consideran, sigue siendo drásticamente inferior a los 4,600 millones de años que los evolucionistas afirman para la Tierra.

Factores considerados por los científicos evolucionistas:

• El ritmo constante de escape de helio hacia la atmósfera, suponiendo que no ha cambiado a lo largo de los años.

• La premisa de que cuando la Tierra se formó no contenía helio en la atmósfera, comenzando desde cero. Una deducción lógica pienso.

Este dato descubierto reduce la supuesta edad de la Tierra en un 96.96%, simplemente con la observación del helio, dejando a los evolucionistas sin el tiempo que necesitan para sustentar su fe en una Tierra de miles de millones de años.

37) Helio Terrestre: Un Misterio

El helio también se encuentra en grandes cantidades debajo de la corteza terrestre, en particular en los cristales de circón presentes en el granito. Sin embargo, las rocas no son capaces de retener helio indefinidamente debido a su naturaleza ligera, y este debería haberse escapado hace mucho tiempo si la Tierra fuera tan antigua como afirman los evolucionistas.

A pesar de esto, se han encontrado grandes cantidades de helio atrapadas en los cristales de circón, lo que sugiere que estas rocas no han tenido millones de años para liberar el helio y que aún tienen helio. Este hallazgo apunta a una formación reciente del granito y, por extensión, de la Tierra misma.

Esto implica que, si la Tierra realmente tuviera miles de millones de años, el helio ya se habría disipado, lo que contradice las observaciones actuales.

38) Escape Helio y Radiactividad en Rocas

El proceso natural de desintegración radiactiva en las rocas produce helio, pero este proceso no puede explicar la enorme cantidad de helio atrapado debajo de la corteza terrestre. Si este proceso hubiera estado ocurriendo durante miles de millones de años, deberíamos encontrar menos helio en el interior de la Tierra y mucho más en la atmósfera.

Esto sugiere que el tiempo disponible para el escape de helio ha sido mucho más corto de lo que los modelos evolucionistas proponen, proporcionando otro fuerte indicio de que la Tierra es joven.

39) La Evidencia del Helio en el Hielo Polar

Otro argumento relacionado con el tiempo y el helio proviene de los estudios de los núcleos de hielo extraídos de Groenlandia y la Antártida. Estas capas de hielo se interpretan como indicadores de cientos de miles de años de historia climática. Sin embargo, el descubrimiento de un escuadrón de aviones de la Segunda Guerra Mundial enterrado bajo más de 250 pies de hielo en solo unas pocas décadas sugiere que las capas de hielo se forman mucho más rápido de lo que se pensaba.

Si las capas de hielo se forman a un ritmo mucho más rápido, entonces el tiempo necesario para acumular los niveles actuales de helio y otras sustancias en la atmósfera es mucho más corto, apoyando nuevamente una cronología más reciente.

40) La Potente Fuerza del Helio en el Universo

Además de sus implicaciones terrestres, el helio también juega un papel clave en el ajuste fino del universo, argumento que supone un creador inteligente y rechazado muy a pesar de está basado únicamente en ciencias. Existe una fuerza poderosa que mantiene unidos los átomos y hace posible la existencia de elementos como el hidrógeno, helio, oxígeno, entre otros.

Detalles de ajuste fino:

• Si esta fuerza fuera solo un 5% más débil, el único elemento en el universo sería el hidrógeno, lo que haría imposible la vida.

• Si fuera solo un 5% más fuerte, los átomos se aglomerarían en moléculas gigantes, igualmente imposibilitando la vida.

Este delicado equilibrio es un testimonio más de la improbabilidad de que la vida y el universo se hayan formado por mero azar a lo largo de miles de millones de años, como sostiene la evolución.

El helio, tanto en la atmósfera como en el interior de la Tierra, proporciona una poderosa evidencia que desafía los supuestos de una Tierra de miles de millones de años. Desde los niveles de helio en la atmósfera hasta su atrapamiento en los cristales de circón, los datos indican que la Tierra es mucho más joven de lo que proponen los evolucionistas. Los modelos que dependen de largos períodos de tiempo simplemente no pueden explicar la presencia actual del helio.

El helio es una prueba contundente de que la dictadura del tiempo en la narrativa evolutiva está lejos de ser un hecho innegable, y que la evidencia apunta a una Tierra joven y diseñada con precisión. Hay fallos, errores, suposiciones, como he explicado en otros artículos en las fechas y métodos de datación que los evolucionistas han adoptado para defender su filosófica creencia creacionista y por tanto su fe. No es cierto que haya abrumadoras evidencias científicas, muy por lo contrario, las hay en la dirección en que apuntan a una tierra joven.

Fuentes científicas y referencias que sustentan los argumentos sobre el helio en la atmósfera, el interior de la Tierra y el ajuste fino del universo:

Vardiman, L. (1990). The Age of the Earth's Atmosphere: A Study of the Helium Flux through the Atmosphere. Este estudio analiza las tasas de acumulación de helio y cómo esto desafía una Tierra de miles de millones de años.

Humphreys, D. R. (2005). Young Helium Diffusion Age of Zircons Supports Accelerated Nuclear Decay. RATE II. Este artículo explora la acumulación de helio en cristales de circón, sugiriendo tiempos más cortos de retención.

Gonzalez, G., & Richards, J. W. (2004). The Privileged Planet: How Our Place in the Cosmos Is Designed for Discovery. Este libro presenta la idea del ajuste fino, explicando cómo las propiedades de elementos como el helio respaldan un diseño intencional del universo.

Estas referencias ofrecen una base científica para considerar la posibilidad de una Tierra joven y un diseño intencional.

41) Cantidad de nitrógeno en fósiles:

Argumento: La presencia de nitrógeno en fósiles que se supone tienen millones de años contradice las escalas de tiempo evolutivas, ya que este elemento se descompone con el tiempo y no debería estar presente en fósiles tan antiguos.

El nitrógeno es un elemento que se encuentra en todas las cosas vivas. Sin embargo, con el paso del tiempo, este elemento se descompone y desaparece. Los fósiles son restos de plantas o animales que vivieron hace mucho tiempo y se convirtieron en piedra.

Algunos fósiles se supone que tienen millones de años. Esto es un problema para las escalas de tiempo evolucionistas, porque si los fósiles fueran realmente tan antiguos, el nitrógeno ya debería haberse descompuesto por completo y no debería estar presente. Por lo tanto, encontrar nitrógeno en fósiles antiguos sugiere que no tienen millones de años, como se afirma.

Intentan refutar con los siguientes argumentos:

1. "No todos los compuestos de nitrógeno se descomponen a la misma velocidad"

Este es un argumento que intenta explicar por qué el nitrógeno podría permanecer en fósiles supuestamente antiguos. Sin embargo, aunque algunas formas de nitrógeno son más estables, lo cierto es que el tiempo geológico al que se refiere la evolución (millones de años) es lo suficientemente largo como para que incluso los compuestos más estables de nitrógeno deberían haber desaparecido. Por lo tanto, encontrar nitrógeno en fósiles es un fuerte indicio de que estos no tienen millones de años, sino que son mucho más jóvenes de lo que sugiere el paradigma evolucionista.

2. "Las condiciones ambientales influyen en la descomposición"

Este argumento sugiere que la descomposición del nitrógeno depende de factores como la temperatura y la humedad. Sin embargo, el rango de condiciones ambientales que permitirían al nitrógeno sobrevivir por millones de años es extremadamente limitado. La mayoría de los fósiles no se encuentran en condiciones tan excepcionales, por lo que es muy improbable que el nitrógeno haya perdurado tanto tiempo. Esto refuerza la idea de que la Tierra y sus fósiles son más jóvenes de lo que se dice.

3."Existen otras formas de medir la edad de un fósil"

Aunque se mencionan otros métodos de datación como el radiocarbono y otros, es importante destacar que muchos de estos métodos asumen premisas no demostradas, como que las tasas de descomposición de ciertos elementos han permanecido constantes durante millones de años. Además, los métodos de datación suelen dar resultados inconsistentes o contradictorios con la cronología bíblica.

Desde la perspectiva de una Tierra joven, estas inconsistencias se explican mejor cuando se reconocen las limitaciones y los supuestos erróneos de los métodos de datación radiométrica.

Finalmente, Desde una postura creacionista, la presencia de nitrógeno en fósiles es una clara evidencia de que estos no son tan antiguos como se afirma. Esto encaja con la idea de una Tierra joven, en la que los procesos geológicos y biológicos han ocurrido en un periodo de miles de años, no millones y mucho menos billones, ni siquiera en rocas. Los supuestos evolucionistas que intentan explicar este fenómeno simplemente no se sostienen frente a la evidencia observable.

Fuentes que analizan la presencia de nitrógeno y otros compuestos en fósiles antiguos y la dificultad para mantener tales elementos en escalas de tiempo de millones de años:

Giem, P. A. (2001). Carbon-14 Content of Fossil Carbon. Origins, 51, 6-30. Este artículo discute la conservación de compuestos orgánicos en fósiles y cómo su presencia desafía las largas escalas temporales.

Snelling, A. A. (2008). Radiocarbon in "Ancient" Fossil Wood. Answers Research Journal, 1, 123-144. Snelling revisa la presencia de compuestos como nitrógeno y carbono en fósiles, indicando que estos fósiles podrían ser mucho más jóvenes.

Baumgardner, J. R. (2005). Carbon and Nitrogen Isotopic Composition of Fossils. RATE II, Institute for Creation Research. Este trabajo explora las implicaciones de los hallazgos de nitrógeno en fósiles y sugiere limitaciones en las teorías evolutivas sobre las edades geológicas.

42) Oxígeno en la atmósfera:

Argumento: El nivel de oxígeno en la atmósfera se mantiene en un equilibrio delicado. Si hubiera demasiado o muy poco oxígeno, la vida en la Tierra no podría existir tal como la conocemos. Este equilibrio es difícil de mantener durante millones de años, lo que hace pensar que la Tierra podría no ser tan antigua.

En lugar de que este equilibrio se mantuviera estable durante largos periodos, parece más lógico que este sistema haya estado funcionando de manera precisa por un tiempo mucho más corto, lo que apoya la idea de una Tierra joven.

Mucho oxígeno echa a perder el caldo. No solo no existe evidencia empírica del "caldo prebiótico" (la sopa rica en compuestos orgánicos de la cual, según los evolucionistas, surgió la vida), sino que hay otros problemas con esta teoría.

Por ejemplo, se ha demostrado (lean bien, se ha demostrado científicamente, se pude volver a demostrar) que cualquier sustancia orgánica formada en los inicios de la Tierra habría sido oxidada y destruida rápidamente por el oxígeno presente en la atmósfera.

En consecuencia, estos compuestos orgánicos no hubieran tenido tiempo de acumularse para formar el "caldo prebiótico".

Por lo tanto, la vida no habría tenido las condiciones necesarias para surgir y desarrollarse en un ambiente rico en oxígeno. Esto también pone en duda la teoría evolucionista del origen de la vida, ya que el oxígeno habría evitado que los elementos fundamentales para la vida se formaran y persistieran.

Esta contradicción refuerza la idea de que la Tierra no es tan antigua como se cree y que los modelos evolucionistas no explican de manera satisfactoria el origen de la vida.

Fuentes relevantes sobre la estabilidad del oxígeno en la atmósfera y su impacto en la vida y el origen de la vida:

Dent, J. N., & DiMichele, W. A. (1991). Oxygen and Evolution in Paleoatmospheres. Annual Review of Earth and Planetary Sciences, 19, 129-158. Este artículo analiza cómo los niveles de oxígeno en la atmósfera han afectado la vida en diferentes períodos y destaca la dificultad de mantener un equilibrio a largo plazo.

Gonzalez, G., & Richards, J. W. (2004). The Privileged Planet: How Our Place in the Cosmos Is Designed for Discovery. Discute el ajuste fino de los niveles de oxígeno en la atmósfera y cómo esto apoya la viabilidad de la vida.

Summons, R. E., et al. (1999). Molecular evidence for Precambrian origins of chlorophyll and bacteriochlorophyll. Science, 283(5402), 366-368. Este estudio se refiere a los desafíos para la acumulación de compuestos orgánicos en presencia de oxígeno, afectando la teoría del "caldo prebiótico".

43) La edad del hielo en los polos:

Argumento: En lugares como Groenlandia y la Antártida, hay capas de hielo que se han ido acumulando con el tiempo. Los científicos dicen que estas capas tienen millones de años, pero la cantidad de hielo que se acumula cada año no es suficiente para que se hayan formado en tanto tiempo.

Piensa en las capas de hielo como si fueran las capas de un pastel. Cada año, una nueva capa de nieve se convierte en hielo, y se va sumando a las capas de años anteriores. Si las capas de hielo realmente tuvieran millones de años, habría muchísimo más hielo del que vemos hoy en día.

Lo que estamos viendo es que las tasas de acumulación de hielo (la cantidad de hielo que se forma cada año) no concuerdan con la idea de que las capas de hielo sean tan antiguas.

De hecho, parece que el hielo es mucho más joven de lo que se ha dicho. Esto sugiere que la Tierra no tiene tantos millones de años como se cree, y que las capas de hielo en los polos podrían haberse formado en un periodo de tiempo mucho más corto.

Fuentes relevantes sobre la acumulación de hielo en los polos y su relación con el tiempo geológico:

Paterson, W. S. B. (1994). The Physics of Glaciers. Este libro proporciona una visión profunda sobre las tasas de acumulación de hielo y el impacto en la interpretación de la edad de las capas de hielo.

Alley, R. B., et al. (2010). History of the Greenland Ice Sheet: Paleoclimate insights. Science, 329(5993), 200-204. Este artículo revisa el registro de hielo en Groenlandia y discute cómo las tasas de acumulación afectan los modelos de antigüedad.

Oard, M. J. (2005). Greenland Ice Cores: Implications for the Age of the Earth. Institute for Creation Research. Examina críticamente los métodos de datación de capas de hielo y propone un marco de tiempo más reciente.

44) El equilibrio del CO2 en la atmósfera.

Argumento: El dióxido de carbono (CO2) es un gas esencial para la vida en la Tierra. Las plantas lo necesitan para hacer la fotosíntesis, y también juega un papel importante en el clima del planeta.

Sin embargo, el equilibrio actual de CO2 en la atmósfera es inestable a largo plazo.

Esto significa que no se puede mantener en los mismos niveles durante millones de años.

El CO2 es absorbido por los océanos, las plantas y otros procesos naturales. Si la Tierra realmente tuviera millones de años, el CO2 ya se habría agotado hace mucho tiempo o, por el contrario, podría haberse acumulado a niveles tan altos que harían imposible la vida. Pero no vemos eso.

El nivel de CO2 en la atmósfera ha permanecido relativamente estable en los tiempos que podemos medir, lo que es más consistente con una Tierra joven que con una que tenga millones de años.

Si la Tierra fuera tan antigua como dicen los evolucionistas, el CO2 no estaría en el equilibrio que vemos hoy. Esto sugiere que la Tierra es mucho más joven y que este equilibrio se ha mantenido solo durante miles de años, no millones. Este argumento destaca que la estabilidad del CO2 durante millones de años es difícil de explicar desde una perspectiva evolucionista.

Es cierto que el CO2 forma parte de un ciclo natural en el que se mueve entre la atmósfera, los océanos, las plantas y las rocas sedimentarias. Sin embargo, este ciclo tiene límites. El argumento central de una Tierra joven señala que si la Tierra hubiera tenido millones de años para que este ciclo ocurriera sin interrupciones, la acumulación de carbono en ciertos depósitos (como las rocas sedimentarias) habría llevado a un agotamiento del CO_2 atmosférico, o a un nivel tan alto que afectaría la vida en la Tierra.

También es cierto que las plantas y los océanos juegan un papel clave en la absorción de CO_2. Sin embargo, este sistema también puede saturarse. Pero…, si la Tierra tuviera millones de años, los océanos habrían absorbido mucho más CO_2 del que pueden mantener en solución, o los suelos y las plantas habrían reducido los niveles de CO_2 hasta niveles peligrosamente bajos. La estabilidad observada durante miles de años es mucho más consistente con una Tierra joven.

Y…, aunque las rocas sedimentarias almacenan carbono, y la actividad volcánica libera CO_2, este equilibrio es delicado. Si la Tierra hubiera sido sometida a estos ciclos durante millones de años, el balance se habría roto, ya sea acumulando CO_2 de manera incontrolada o agotándolo a niveles que no permitirían la vida. Los procesos geológicos también tienen límites temporales que no concuerdan con millones de años de estabilidad.

Los análisis de núcleos de hielo han sido interpretados por algunos científicos como evidencia de fluctuaciones naturales del CO_2 durante cientos de miles de años. Sin embargo, estos métodos de datación también asumen un tiempo prolongado y estable en la Tierra, lo cual es debatido. Desde una perspectiva de una Tierra joven, las fluctuaciones del CO_2 en estos núcleos podrían corresponder a eventos climáticos recientes, como el Diluvio de Noé, que habrían afectado drásticamente los niveles de CO_2.

Los modelos climáticos son herramientas útiles, pero están construidos con ciertos supuestos. Asumen que las condiciones climáticas y los ciclos del carbono han permanecido estables durante millones de años. No obstante, estos modelos no pueden prever con precisión las interrupciones a largo plazo que podrían haber ocurrido en una Tierra mucho más joven. Además, los modelos no pueden probar directamente la antigüedad de la Tierra, solo simulan basándose en parámetros que ya están establecidos.

El ciclo del carbono es un proceso real, pero también es finito y está limitado por varios factores. Si la Tierra realmente tuviera millones de años, el equilibrio actual de CO2 no sería tan estable como lo vemos hoy. Desde una perspectiva de una Tierra joven, la estabilidad observada del CO2 concuerda mejor con una historia mucho más reciente y coherente con el modelo bíblico de la creación.

Las siguientes fuentes pueden ser útiles:

Berner, R. A. (1994). *Geocarb II: A Revised Model of Atmospheric CO_2 Over Phanerozoic Time*. *American Journal of Science, 294(1), 56-91*. Berner analiza el ciclo del carbono a largo plazo y su impacto en los niveles de CO_2.

Vardiman, L. (2008). *Ice Cores and the Age of the Earth*. *Institute for Creation Research*. Este artículo examina los núcleos de hielo y cómo los niveles de CO_2 pueden apoyar una Tierra joven.

Holland, H. D. (2006). *The Oxygenation of the Atmosphere and Oceans*. *Philosophical Transactions of the Royal Society B: Biological Sciences, 361(1470), 903-915*. Analiza cómo el CO_2 y el oxígeno se equilibran en la atmósfera, destacando la fragilidad de este equilibrio en escalas de tiempo largas.

45) Disminución del Campo Magnético

Argumento: El campo magnético de la Tierra se está debilitando a un ritmo significativo. Si la Tierra tuviera miles de millones de años, el campo magnético ya debería haber desaparecido o reducido a niveles muy bajos. Esto sugiere que la Tierra es mucho más joven de lo que propone la teoría evolucionista.

¿Qué es el campo magnético terrestre? El campo magnético de la Tierra es una especie de "burbuja" protectora que rodea el planeta y nos protege de la radiación dañina del espacio, como los rayos cósmicos y las tormentas solares. Este campo es generado por el movimiento del hierro fundido en el núcleo de la Tierra.

¿Qué está ocurriendo con el campo magnético? Los científicos han observado que el campo magnético de la Tierra se está debilitando. De hecho, los registros muestran que ha estado perdiendo fuerza durante los últimos cientos de años. Si seguimos el ritmo de debilitamiento hacia atrás en el tiempo, llegamos a la conclusión de que, hace solo unos pocos miles de años, el campo magnético habría sido mucho más fuerte de lo que es hoy.

El problema con una Tierra de miles de millones de años: Si la Tierra tuviera miles de millones de años, este debilitamiento del campo magnético debería haber causado que el campo ya se hubiera disipado por completo. No solo eso, sino que la vida tal como la conocemos habría sido mucho más difícil de sustentar sin un campo magnético fuerte que nos protegiera de la radiación cósmica.

Evidencia para una Tierra joven: El hecho de que el campo magnético aún exista y esté presente con fuerza sugiere que no ha estado allí por millones o miles de millones de años. Desde una perspectiva de una Tierra joven, el campo magnético se ha estado debilitando solo durante unos pocos miles de años, lo que concuerda con un planeta que no tiene tanto tiempo de antigüedad.

El campo magnético de la tierra provee respaldo a la idea de un planeta joven. Un campo magnético fuerte es crucial para la vida como la conocemos.

Esta forma una cubierta protectora alrededor del planeta que bloquea la radiación cósmica nociva que continuamente nos bombardea.

Las observaciones hechas sobre el campo magnético de la tierra en el último siglo y medio muestran que su intensidad disminuye de manera perceptible.

Se calcula que desde 1829 la fuerza del campo magnético ha menguado alrededor de 7%.

Los cálculos indican que la vida media del campo magnético es alrededor de 1,400 años; lo que quiere decir que disminuye a la mitad de su fuerza cada 1,400 años.

La vida no sería posible si se debilita demasiado, y si la tierra fuera tan vieja el campo magnético ya no existiera o hace apenas tendría, no hace mucho, que haber sido tan fuerte que hubiera sido imposible el desarrollo de la vida.

El Dr. Thomas Barnes, ex decano del Instituto Superior de la Creación y Profesor emérito de física de la Universidad de Texas en El

Paso, calcula que en ningún momento más allá de 20,000 años, la vida tal como la conocemos, hubiera sido posible.

El debilitamiento del campo magnético es inconsistente con la idea de una Tierra de miles de millones de años.

En lugar de eso, el campo magnético parece haber existido durante un periodo mucho más corto, lo que es compatible con la idea de una Tierra joven.

Barnes, T. G. (1973). Origin and Destiny of the Earth's Magnetic Field. Institute for Creation Research. Barnes argumenta que el campo magnético está disminuyendo a una tasa incompatible con una Tierra antigua y sugiere una cronología más corta.

Humphreys, D. R. (1984). The Earth's Magnetic Field is Young. Creation Research Society Quarterly, 21(3), 140-149. Humphreys examina el rápido debilitamiento del campo magnético y propone que la Tierra es joven.

Coe, R. S., Hongre, L., & Glatzmaier, G. A. (2000). An examination of simulated geomagnetic reversals. Philosophical Transactions of the Royal Society A, 358(1768), 1141-1170. Este estudio revisa la teoría del campo magnético terrestre, incluidas las fluctuaciones y el debilitamiento.

Estas fuentes exploran el desgaste del campo magnético como evidencia de una posible Tierra joven.

46) Desgaste de la Corteza Oceánica

Argumento: La corteza oceánica, que es la capa más delgada de la corteza terrestre, se está desgastando debido a la actividad tectónica.

Si la Tierra tuviera miles de millones de años, la corteza oceánica ya debería haberse erosionado o desgastado por completo. Sin embargo, el espesor actual de la corteza oceánica no concuerda con una Tierra tan antigua, lo que indica que el planeta es mucho más joven.

¿Qué es la corteza oceánica? La corteza oceánica es la capa rocosa que se encuentra bajo los océanos. Es más delgada que la corteza continental y está en constante cambio debido a los movimientos tectónicos. El fondo oceánico se renueva cuando las placas tectónicas se separan y el magma sube para crear nueva corteza, un proceso que ocurre en las dorsales oceánicas.

¿Qué está ocurriendo con el espesor de la corteza? A lo largo del tiempo, la corteza oceánica está en constante renovación, pero también está sujeta a desgaste. Este desgaste ocurre cuando una placa oceánica se hunde bajo otra placa (en un proceso llamado subducción), lo que eventualmente reduce su espesor. A pesar de este proceso, el espesor actual de la corteza oceánica es todavía significativo.

El problema con una Tierra de miles de millones de años: Si la Tierra realmente tuviera miles de millones de años, este ciclo de renovación y desgaste habría causado que la corteza oceánica se adelgazara mucho más de lo que observamos hoy.

En otras palabras, si la corteza oceánica ha estado formándose y destruyéndose durante tanto tiempo, debería ser mucho más delgada o incluso haber desaparecido en algunas áreas.

Evidencia para una Tierra joven: El hecho de que la corteza oceánica aún conserve un espesor considerable sugiere que este proceso de desgaste no ha estado ocurriendo durante miles de millones de años.

Desde una perspectiva de una Tierra joven, el ciclo de formación y desgaste de la corteza oceánica ha estado ocurriendo solo por miles de años, lo que explicaría por qué su espesor sigue siendo considerable.

El espesor actual de la corteza oceánica es incompatible con una Tierra de miles de millones de años, ya que el desgaste tectónico debería haber reducido drásticamente su grosor. Esto sugiere que la Tierra es mucho más joven y que el proceso de formación y desgaste de la corteza oceánica ha estado ocurriendo en un periodo mucho más corto de tiempo.

Algunas fuentes que abordan la renovación y el desgaste de la corteza oceánica, destacando los procesos geológicos y la duración del ciclo tectónico:

Staudigel, H., & Hart, S. R. (1983). Alteration of oceanic crust: Processes and timing. Earth and Planetary Science Letters, 58(1), 255-277. Analiza el desgaste y renovación de la corteza oceánica en relación con el tiempo geológico.

Müller, R. D., Roest, W. R., & Royer, J.-Y. (1997). Digital isochrons of the world's ocean floor. Journal of Geophysical Research: Solid Earth, 102(B2), 3211-3214. Examina la antigüedad y renovación de la corteza oceánica.

Snelling, A. A. (2009). Earth's Catastrophic Past: Geology, Creation, & the Flood. Institute for Creation Research. Este trabajo aborda desde una perspectiva creacionista la renovación de la corteza oceánica como evidencia de una Tierra joven.

Parte IV: Evidencias Físicas y Atmosféricas

47) Análisis de Cometas:

Argumento (Y uno de los que más me gusta, junto al alejamiento de la luna): Los cometas son cuerpos celestes compuestos de hielo y polvo que, cada vez que se acercan al Sol, pierden masa debido a la sublimación del hielo en sus núcleos.

Este proceso, conocido como "desgasificación", genera las colas brillantes características de los cometas.

Sin embargo, dado que los cometas pierden una cantidad significativa de masa con cada paso cercano al Sol, no deberían durar más de 10,000 años antes de desintegrarse completamente.

La continua presencia de cometas en el sistema solar plantea un desafío para los modelos que sugieren que nuestro sistema solar tiene miles de millones de años de antigüedad.

Si el sistema solar fuera tan antiguo, los cometas ya deberían haberse agotado.

Para explicar su persistencia, los "científicos" han propuesto que los cometas nuevos provienen de un hipotético reservorio conocido como la **Nube de Oort** y, en menor medida, del **Cinturón de Kuiper**.

Sin embargo, esta Nube de Oort nunca ha sido observada directamente, lo que plantea una pregunta importante: ¿se basan en un "invento" para justificar la longevidad del sistema solar? ¿Es válido construir una teoría sobre algo que no existe de manera comprobada?

En este caso, la ciencia parece aventurarse en lo místico, proponiendo una solución a partir de una hipótesis sin evidencia directa.

La continua existencia de cometas se convierte así en una evidencia intrigante a favor de una cronología más corta para el sistema solar.

La existencia de cometas en el sistema solar apoya la idea de que este es relativamente joven.

Fuentes de apoyo:

Whipple, Fred L. (1950). "A Comet Model. I. The Acceleration of Comet Encke," The Astrophysical Journal, donde se analiza el modelo de cometas y su comportamiento de sublimación.

Brandt, John C. y Chapman, Robert D. (1992). Introduction to Comets, Cambridge University Press, que detalla los efectos de la sublimación y la expectativa de vida de los cometas.

48) Carcajadas Estelares.

Argumento: Estrellas enanas blancas, que deberían haber agotado su combustible en decenas de miles de años, siguen brillando. Esto indica que el universo podría ser más joven de lo que se cree.

Las enanas blancas son los remanentes de estrellas que han agotado su combustible nuclear y han colapsado bajo su propia gravedad.

Según los modelos astrofísicos, estas estrellas deberían haberse enfriado y dejado de brillar en un período relativamente corto en términos cósmicos, en decenas de miles de años.

Sin embargo, aún observamos enanas blancas que emiten luz, lo que sugiere que no se han enfriado lo suficiente para apagarse.

Dado que las enanas blancas deberían enfriarse y apagarse en tiempos relativamente cortos, su continua luminosidad plantea un problema para los modelos de un universo que se cree tiene miles de millones de años.

Esto ha llevado a algunos a cuestionar la antigüedad del universo, sugiriendo que podría ser mucho más joven de lo que tradicionalmente se ha estimado.

La persistencia del brillo de las enanas blancas es un indicio que apoya la idea de un universo joven, en el que estos objetos astronómicos no han tenido el tiempo suficiente para enfriarse por completo.

Un contraargumento común de los defensores de un universo antiguo y los modelos de azar se basa en el proceso de enfriamiento prolongado de las enanas blancas. Según estos modelos, el enfriamiento puede extenderse por miles de millones de años, ya que las enanas blancas no solo emiten luz debido a su temperatura inicial, sino también porque el colapso y densidad extremos de estas estrellas permite que su radiación y enfriamiento se prolonguen mucho más de lo que otros modelos indican. En efecto, la duración del enfriamiento de las enanas blancas está sujeta a condiciones específicas de su composición y densidad, lo que puede hacer que algunas enanas brillen por mucho más tiempo sin contradecir la cronología tradicional del universo.

Que las enanas blancas pueden brillar durante miles de millones de años enfrenta algunas fallas:

1. **Modelos Teóricos**: Dependen de simulaciones que requieren muchas suposiciones sobre la composición y el comportamiento de las enanas blancas a lo largo de enormes períodos.

    No siempre hay consenso sobre la precisión de estos supuestos.

2. **Observación Directa Limitada**: A diferencia de otros fenómenos cósmicos, la evidencia observacional de enanas blancas extremadamente antiguas es escasa, dejando una gran parte del modelo teórico sin confirmación empírica.

3. **Composición Incierta**: La tasa de enfriamiento depende de la composición y estructura exacta de cada enana blanca, y factores como la cristalización del núcleo no son completamente comprendidos. Estos factores pueden hacer que las estimaciones varíen considerablemente, debilitando la

idea de que el brillo puede sostenerse durante miles de millones de años de manera uniforme en todos los casos.

Este fenómeno ha llevado a algunos científicos y astrofísicos a explorar modelos alternativos para entender mejor la cronología cósmica

En resumen, aunque el contraargumento tiene fundamentos, se basa en condiciones teóricas no completamente verificadas, lo que hace que el debate sobre la antigüedad de estas estrellas siga abierto.

Fuentes:

Kowalski, P.M., & Saumon, D. (2006). Physics of white dwarf atmospheres. Este estudio analiza el enfriamiento de enanas blancas.

D'Antona, F., & Mazzitelli, I. (1990). Cooling sequences of white dwarfs.

49) Equilibrio Geotérmico y

Enfriamiento Terrestre.

Argumento: Según las teorías "científicas", la Tierra ha estado perdiendo calor desde su formación.

Si el planeta tuviera miles de millones de años, como sugieren los modelos evolutivos y geológicos tradicionales, el núcleo de la Tierra debería haberse enfriado por completo.

Sin embargo, el núcleo sigue siendo extremadamente caliente y activo, lo que resulta en fenómenos como la actividad volcánica y el movimiento tectónico.

La persistencia de un núcleo caliente, junto con la energía geotérmica que aún emana del interior del planeta, plantea dudas sobre la cronología de miles de millones de años propuesta por los evolucionistas.

Este calor interno en la Tierra podría ser más consistente con una escala de tiempo mucho más corta, lo que apoya la idea de una Tierra joven.

Además, el hecho de que el calor interno todavía impulse procesos geológicos importantes, como los terremotos y las erupciones volcánicas, refuerza el argumento de que el planeta no ha tenido el tiempo suficiente para enfriarse por completo, lo que sería más coherente con una Tierra de pocos miles de años en lugar de miles de millones.

Contraargumento científico: Los defensores del modelo de una Tierra antigua sostienen que el núcleo terrestre mantiene su temperatura elevada debido al *calor radiogénico*, generado por la desintegración de elementos radiactivos como el uranio, torio y potasio en el manto.

El **calor radiogénico** es el calor producido por la **desintegración radiactiva** de elementos inestables dentro del manto y el núcleo terrestre, como el uranio, torio y potasio-40. A medida que estos elementos se descomponen naturalmente, liberan energía en forma de calor, lo cual contribuye a la temperatura interna de la Tierra y ayuda a mantener los procesos geológicos activos, como el vulcanismo y el movimiento de placas tectónicas.

Además, argumentan que el enfriamiento de la Tierra es contrarrestado parcialmente por procesos de convección en el manto, que ayudan a mantener el calor dentro del planeta, contribuyendo así a la actividad geotérmica observable. Este calor residual podría explicarse dentro de los tiempos propuestos de miles de millones de años según la teoría evolutiva.

Posible falla del contraargumento: Un punto cuestionable dentro del contraargumento es la tasa de descomposición de los elementos radiactivos y si está realmente puede sostener los niveles de calor actuales durante tanto tiempo.

O sea, la duda radica en si los elementos radiactivos del núcleo y el manto de la Tierra, al descomponerse y liberar calor, realmente podrían mantener suficiente temperatura interna después de miles de millones de años.

Los elementos como el uranio y el torio, al desintegrarse, generan calor, pero esta desintegración ocurre a un ritmo que disminuye con el tiempo.

Por lo tanto, si la Tierra tuviera la antigüedad que sugiere la teoría evolutiva, este calor generado por la descomposición debería haberse reducido considerablemente, lo que haría difícil mantener la actividad tectónica y volcánica observada hoy.

También, el modelo de enfriamiento térmico en una escala de miles de millones de años, en teoría, llevaría a una reducción significativa de la actividad tectónica y volcánica, algo que no concuerda con la actividad geológica presente.

Para algunos investigadores, estos factores sugieren una cronología mucho más reciente para la Tierra.

Para sustentar la evidencia sobre el **equilibrio geotérmico y el calor radiogénico** en relación con la posible juventud de la Tierra, se pueden considerar estudios en geofísica y geología que abordan el calor residual terrestre y el papel de la descomposición radiactiva:

Vardiman, Larry - En su análisis "*The Age of the Earth's Atmosphere,*" Vardiman discute cómo el flujo de calor y la disipación de elementos radiactivos son inconsistentes con una Tierra de miles de millones de años. El autor argumenta que el ritmo de pérdida de calor debería haber llevado a un enfriamiento significativo hace millones de años, lo cual no parece concordar con el modelo de una Tierra tan antigua.

Snelling, Andrew A. - En su obra "*Earth's Catastrophic Past: Geology, Creation & the Flood,*" Snelling revisa cómo la actividad geotérmica (incluida la de los volcanes y terremotos) indica una liberación de calor más reciente, señalando que el calor interno aún sería demasiado elevado para una Tierra de tal antigüedad.

Baumgardner, John - Con el modelo de "Plates in Motion" de Baumgardner, se explora cómo la subducción y movimientos tectónicos no pueden sostenerse fácilmente en la cronología estándar de millones de años debido al enfriamiento teórico de una corteza y manto antiguos.

50) "Árboles Fosilizados en Estratos Múltiples"

Argumento: En varias partes del mundo se han encontrado árboles fósiles que están posicionados verticalmente, atravesando múltiples capas de sedimentos o estratos geológicos.

Árboles fósiles que atraviesan varios estratos geológicos, conocidos como **árboles poliestratos**, se han encontrado en diferentes lugares del mundo, y algunos de los sitios más conocidos incluyen:

1. **Parque Nacional de Yellowstone, Estados Unidos**: En la Formación de Specimen Ridge, hay ejemplos de árboles poliestratos que se encuentran atravesando múltiples capas de ceniza volcánica, lo que ha sido interpretado de diferentes maneras, tanto en contextos de procesos rápidos de deposición como en procesos largos de fosilización.

2. **Formación de Joggins, Nueva Escocia, Canadá**: Este sitio famoso cuenta con árboles fósiles que se encuentran en posición vertical a lo largo de varias capas de carbón y sedimentos, en estratos que abarcan cientos de metros.

3. **Wairarapa, Nueva Zelanda**: También se han encontrado árboles poliestratos en capas de ceniza volcánica y sedimentos. Aquí, los fósiles muestran una preservación en varias capas de depósitos volcánicos que se habrían acumulado en intervalos sucesivos.

4. **Región de Saint-Étienne, Francia**: Existen también hallazgos de árboles verticales en estratos de carbón y rocas sedimentarias en esta área, algunos de los cuales abarcan varios metros de profundidad en los estratos.

Estas observaciones de árboles polistratos han sido objeto de debate. Algunos científicos interpretan que estos fósiles son evidencia de eventos rápidos de deposición de sedimentos, mientras que otros sugieren largos periodos de tiempo en los que los árboles podrían haber sido preservados en su posición vertical antes de fosilizarse.

Estos árboles fósiles, conocidos como "polistratos", presentan un desafío para la teoría geológica convencional, que sostiene que estos estratos se formaron lentamente a lo largo de millones de años.

Según esta teoría, cada estrato representa un periodo prolongado de tiempo en la historia de la Tierra.

Sin embargo, un solo árbol fosilizado que atraviesa varias de estas capas no podría haberse mantenido en pie durante millones de años sin descomponerse antes de ser enterrado por más sedimentos.

La existencia de estos árboles fosilizados sugiere que los estratos debieron haberse formado rápidamente, en lugar de lentamente, lo que es más consistente con un evento catastrófico como una inundación global, donde grandes cantidades de sedimentos fueron depositadas en un corto período.

Los árboles fósiles encontrados apoyan la idea de que los procesos geológicos no siempre ocurren de forma gradual, sino que pueden ser el resultado de eventos rápidos y masivos que depositan grandes cantidades de sedimento en poco tiempo, lo que es coherente con la teoría de un diluvio global descrito en la Biblia.

Aquí algunos recursos recomendados:

Snelling, Andrew A. - Earth's Catastrophic Past: Geology, Creation, and the Flood. Este libro aborda numerosos ejemplos de árboles poliestratos y discute cómo podrían ser el resultado de procesos catastróficos, lo que apoya la hipótesis de un diluvio global.

Morris, John D. - Artículos del Institute for Creation Research (ICR). El ICR ha publicado varios artículos que analizan hallazgos de árboles poliestratos en sitios como *Specimen Ridge en Yellowstone y Joggins en Nueva Escocia.* Estos artículos discuten cómo los fósiles poliestratos plantean desafíos para los modelos geológicos convencionales basados en el uniformismo, es decir, el supuesto de que los procesos actuales son representativos del pasado remoto.

Literatura geológica en torno a la Formación Joggins, Nueva Escocia. Para investigaciones desde una perspectiva convencional, muchos estudios detallan la deposición de capas de sedimento y fósiles en la Formación Joggins.

La revista Geology y otros recursos académicos pueden ofrecer visiones sobre la estratigrafía y el contexto de estos fósiles.

Artículos de Loma Linda University sobre Yellowstone y su geología. La universidad ha publicado análisis de árboles poliestratos que detallan su formación y las interpretaciones de su preservación en eventos rápidos, que podrían apuntar a un origen catastrófico.

Estos recursos permiten explorar tanto la visión creacionista como los análisis de la geología convencional en cuanto a la formación de los fósiles poliestratos y su relevancia en el contexto de la edad de la Tierra y la deposición de sedimentos.

51) El Magnetismo de las Rocas.

Argumento: Las pruebas magnéticas en rocas de diferentes edades geológicas muestran patrones que no concuerdan con los modelos que proponen que la Tierra tiene miles de millones de años.

Las pruebas magnéticas en rocas, también conocidas como estudios de paleomagnetismo, analizan el campo magnético registrado en minerales de rocas durante su formación.

Los minerales magnéticos, como la magnetita, registran la orientación y la intensidad del campo magnético de la Tierra en el momento de su cristalización. Existen varias pruebas y estudios que se realizan para investigar los patrones magnéticos:

1. **Inversión de los Polos Magnéticos**: La Tierra ha experimentado numerosas inversiones del campo magnético, donde el polo norte y sur magnético cambian de posición. Estas inversiones quedan registradas en las rocas, especialmente en las formadas en dorsales oceánicas, donde el magma se solidifica rápidamente. Al enfriarse, los minerales magnéticos se alinean con el campo magnético del momento, creando un patrón de "bandas" magnéticas alternantes a lo largo del fondo oceánico.

   Estos patrones sugieren cambios rápidos y recurrentes en lugar de un campo magnético estable durante millones de años.

2. **Intensidad y Orientación del Campo Magnético**: La intensidad del campo magnético en las rocas de diferentes épocas no siempre coincide con lo que los modelos de larga duración predicen.

Según algunos modelos, el campo magnético debería haberse disipado considerablemente si la Tierra tuviera miles de millones de años.

Un destacado autor en esta línea es el físico **Dr. Thomas G. Barnes**, quien fue pionero en el estudio del decaimiento del campo magnético terrestre. En su trabajo "Origin and Destiny of the Earth's Magnetic Field" (1973), Barnes argumentó que el campo magnético de la Tierra tiene una vida media limitada y que su intensidad ha disminuido de manera significativa en tiempos recientes. Según Barnes, si este decaimiento hubiera estado ocurriendo durante miles de millones de años, el campo magnético ya se habría disipado completamente.

Investigadores como el **Dr. Russell Humphreys**, asociado al Institute for Creation Research (ICR), han continuado esta línea de pensamiento. Humphreys propone que los datos actuales sobre la disminución del campo magnético respaldan la hipótesis de una Tierra mucho más joven. Sus modelos sugieren que el campo magnético actual tiene una edad de solo unos pocos miles de años, en línea con la cronología bíblica.

Publicaciones en el *Creation Research Society Quarterly* y estudios de organizaciones como **Answers in Genesis** también han analizado el tema, cuestionando las escalas de tiempo largas y argumentando que los modelos de decaimiento y la "intensidad residual" del magnetismo en rocas antiguas se alinean con una Tierra de menor antigüedad.

Estos modelos han sido debatidos en revistas y conferencias tanto dentro de la geología convencional como en foros de geología crítica, y pueden encontrarse referencias a sus estudios en artículos de paleomagnetismo en revistas como el *Geophysical Journal International*.

Estudios sobre la intensidad residual en minerales antiguos muestran un campo más fuerte, que podría ser coherente con una historia geológica más reciente.

Los estudios que muestran una mayor intensidad residual en minerales antiguos se han realizado por científicos como **Dr. Robert Coe** y **Michael Prevot**, quienes trabajaron en la paleomagnetismo para comprender la variación de la intensidad del campo magnético terrestre en distintas épocas geológicas.

Otro investigador, **Dr. John Baumgardner**, también ha examinado el paleomagnetismo en rocas volcánicas antiguas y sus estudios se encuentran en publicaciones de *Creation Research Society Quarterly*, donde interpreta la evidencia como un posible indicador de una historia geológica más reciente de la Tierra.

Además, investigaciones del *Institute for Creation Research* (ICR), en particular estudios encabezados por **Dr. Russell Humphreys**, han revisado la intensidad magnética residual en cristales de minerales como el circón, afirmando que estos datos son coherentes con una cronología de la Tierra de miles de años, en lugar de millones.

3. **Estudios de Magnetización en Estratos Volcánicos y Sedimentarios**: Estos estudios analizan la magnetización natural remanente en capas volcánicas o en sedimentos antiguos que contienen minerales ferromagnéticos.

   Las variaciones encontradas en la magnetización de rocas de diferentes épocas son registradas y comparadas con el patrón actual.

   Algunas investigaciones indican que la "memoria magnética" de estas rocas sugiere fluctuaciones del campo magnético más frecuentes y rápidas, lo cual ha planteado interrogantes sobre la duración de estos procesos y la antigüedad del registro magnético.

4. **Modelos de Decaimiento del Campo Magnético**: Otro enfoque es medir el decaimiento del campo magnético en relación con el tiempo geológico.

Algunos estudios proponen que, debido al desgaste del campo magnético, su intensidad actual no puede mantenerse estable durante miles de millones de años, ya que la energía del núcleo que sustenta el campo se agotaría en mucho menos tiempo.

Estas pruebas y métodos han llevado a debates sobre la duración real del campo magnético y su relación con la edad de la Tierra. Para más detalles, los trabajos de paleomagnetismo publicados en revistas científicas como *Geophysical Journal International* y *Journal of Geophysical Research* exploran estos fenómenos y presentan datos sobre la intensidad y orientación magnética de las rocas.

Las rocas, especialmente las que contienen minerales como el hierro, registran el campo magnético terrestre en el momento en que se solidifican.

Este registro, conocido como "remanencia magnética", ha sido estudiado para entender la historia del campo magnético de la Tierra.

Sin embargo, los estudios muestran que el campo magnético de la Tierra ha sufrido fluctuaciones significativas, lo que sugiere que se ha debilitado a un ritmo mucho más rápido de lo esperado si la Tierra tuviera miles de millones de años.

De hecho, si el campo magnético hubiera existido durante tanto tiempo, ya se habría disipado por completo, dejando a la Tierra sin protección contra la radiación solar.

El hecho de que el campo magnético de la Tierra no se haya disipado por completo puede interpretarse como un caso de **ajuste fino**, ya que su existencia y características parecen específicamente adecuadas para sostener la vida en el planeta.

El campo magnético terrestre actúa como un "escudo" contra la radiación solar y los vientos solares, protegiendo tanto la atmósfera como la superficie del planeta de una exposición letal a estas partículas de alta energía.

En el contexto de ajuste fino, este fenómeno sugiere que las condiciones no solo están en equilibrio, sino que están específicamente "ajustadas" para permitir la vida.

La estabilidad del campo magnético, pese a un proceso de debilitamiento continuo, parece estar calibrada para mantenerse en un nivel que sigue siendo adecuado para la vida, aunque el mecanismo exacto de esa estabilidad aún es objeto de investigación.

Algunos científicos que analizan el ajuste fino en la Tierra y en el universo han interpretado que este fenómeno es un indicio de que factores naturales, físicos y ambientales parecen estar configurados en una combinación precisa y única, favoreciendo la vida en nuestro planeta. Esto contrasta con la expectativa de un sistema más caótico e inestable en un universo que surgiera únicamente por azar.

Estudios como los del **Dr. Russell Humphreys** y los informes del *Institute for Creation Research (ICR)* discuten esta "sintonía" del campo magnético en el contexto de una Tierra joven. También, investigaciones generales sobre ajuste fino, como las publicadas en revistas de cosmología y física, abordan cómo la estabilidad de estos campos, en sincronía con otros factores cósmicos, plantea preguntas interesantes sobre el origen y la cronología de nuestro planeta.

El *Institute for Creation Research* (ICR) cuenta con un equipo de científicos e investigadores con especialidades en biología, geología, paleontología, astrofísica y otras áreas relevantes para la ciencia de la creación. Aunque los números exactos de científicos pueden variar, el ICR suele tener una base activa de aproximadamente 10 a 15 investigadores de tiempo completo y muchos colaboradores y autores contribuyentes. Además, organizaciones similares, como *Answers in Genesis* (AiG), que desarrolla investigaciones y proyectos educativos creacionistas, también cuenta con un equipo de expertos y colaboradores, incluyendo científicos con doctorados en diversas disciplinas.

La mayoría de estas organizaciones no son reconocidas como parte de la "comunidad científica" convencional debido a que su enfoque incluye interpretaciones basadas en una perspectiva bíblica literal.

Además, se han encontrado rocas que indican inversiones rápidas y bruscas del campo magnético, lo que contradice los modelos de evolución geológica que proponen cambios graduales a lo largo de millones de años.

Estas fluctuaciones rápidas y la disminución constante del campo magnético son más consistentes con una Tierra joven, que tiene solo unos miles de años de antigüedad.

Esto desafía la idea de una Tierra antigua y apoya la noción de que los procesos geológicos pueden haber ocurrido de manera más rápida y reciente de lo que se piensa.

52) "Escasez de Meteoritos en Capas Antiguas"

Si la Tierra fuera realmente antigua, esperaríamos encontrar una gran cantidad de meteoritos incrustados en las capas geológicas antiguas, pero estos son sorprendentemente escasos.

Esto sugiere una cronología más reciente para la acumulación de sedimentos y la formación de dichas capas.

El uso de meteoritos para calcular la edad de la Tierra *plantea problemas serios*, ya que estos cuerpos no se originaron directamente en nuestro planeta.

Los meteoritos han viajado por el espacio y podrían haber estado expuestos a diferentes niveles de radiación y otras condiciones cósmicas, lo que afecta su composición y hace cuestionable su utilidad para establecer con precisión la edad de la Tierra.

Este hecho pone en duda los resultados obtenidos mediante la datación de meteoritos, que proponen edades muy antiguas para la Tierra.

Además, los meteoritos caen continuamente sobre la superficie terrestre, y curiosamente, solo se encuentran en las capas superiores del sedimento. Si las capas geológicas más profundas se hubieran formado hace millones de años, como sugieren los evolucionistas, se debería esperar encontrar meteoritos en todas las capas de sedimento. Sin embargo, la ausencia de meteoritos en los estratos más antiguos indica que estos sedimentos son mucho más jóvenes de lo que se afirma. Esto refuerza la cronología reciente de la formación de los sedimentos y apoya la idea de una Tierra joven.

Es interesante destacar y hasta volver a insistir puesto que esta es una evidencia que considero sólida, acerca de varios puntos relacionados con la datación de la Tierra y la deposición de meteoritos en el tiempo geológico.

1. **Problemas en la Datación mediante Meteoritos:** Los meteoritos, al proceder del espacio, han estado expuestos a condiciones diferentes a las de la Tierra. Estos incluyen niveles variables de radiación cósmica y posibles alteraciones químicas durante sus largos trayectos a través del espacio. Estas condiciones pueden modificar su composición isotópica, lo cual hace menos precisa la extrapolación de su antigüedad para datar la Tierra. Las discrepancias en la desintegración radiactiva de isótopos en meteoritos han sido cuestionadas en estudios sobre datación y se sugiere que no necesariamente reflejan la cronología terrestre. Este argumento ha sido tratado en investigaciones del Instituto de Investigación para la Creación (ICR), como el trabajo de *Russell Humphreys* sobre el helio en la Tierra y la precisión de métodos radiométricos.

2. **Distribución Superficial de Meteoritos:** La mayoría de los meteoritos se encuentran en capas geológicas recientes, especialmente en áreas como desiertos y capas de hielo en la Antártida, que acumulan meteoritos en la superficie.

En estratos geológicos profundos, los meteoritos son virtualmente inexistentes, lo cual plantea la pregunta: ¿por qué no hay evidencia de meteoritos en capas que supuestamente se formaron hace millones de años?

Esto podría interpretarse como un indicio de que las capas geológicas profundas no tienen la antigüedad sugerida, o bien, que el proceso de formación de estas capas fue mucho más reciente o rápido de lo que indican los modelos convencionales.

3. **Implicaciones para la Geología de la Tierra Joven**: Si se observa una ausencia significativa de meteoritos en las capas más antiguas, se puede argumentar que estas no pasaron por largos periodos de sedimentación, sino que se formaron en un periodo breve y catastrófico, consistente con modelos que contemplan eventos de alta deposición, como el Diluvio de Noé en la geología creacionista.

   Investigadores en este campo, como *Andrew* Snelling en *Earth's Catastrophic Past*, abordan cómo estos eventos pudieron haber creado rápidamente capas de sedimentos, dejando pocos o ningún meteorito en las profundidades debido a la rápida deposición de materiales terrestres y acuáticos.

4. **Contraargumentos de los Modelos Convencionales**: Los defensores de una Tierra antigua argumentan que la falta de meteoritos en capas más profundas podría deberse a la degradación, oxidación o subducción de materiales en áreas tectónicamente activas.

   Sin embargo, estos procesos no ocurren de manera uniforme en todo el planeta, y aún debería haber evidencia de meteoritos en áreas más estables geológicamente.

Humphreys, D. Russell. "Helium Evidence for a Young Earth." Institute for Creation Research, explorando la influencia de condiciones espaciales en la descomposición de isótopos.

Snelling, Andrew A. Earth's Catastrophic Past: Geology, Creation & the Flood, que profundiza en modelos geológicos de rápida deposición en estratos.

53) "Inconsistencias en la Datación por Isótopos en Rocas Volcánicas"

Argumento: Los métodos de datación por radioisótopos, que se utilizan comúnmente para calcular la edad de meteoritos y rocas volcánicas, presentan serias inconsistencias.

Un ejemplo es el meteorito Allende, donde múltiples pruebas han mostrado resultados contradictorios, lo que ha llevado a descartar algunas muestras por "contaminación". Este tipo de errores genera un margen de duda considerable y pone en entredicho la fiabilidad de estos métodos para datar con precisión la antigüedad de los materiales.

La datación por isótopos depende de varias **suposiciones** claves, como la constancia en la tasa de desintegración y la pureza de la muestra, que pueden variar o no cumplirse. Estas suposiciones son difíciles de verificar, especialmente en el caso de materiales muy antiguos o alterados por factores ambientales.

Los Estudios en meteoritos como el Allende han demostrado que los resultados de edad pueden variar ampliamente en función de los **isótopos y métodos de medición** utilizados. Esto sugiere que, en lugar de ser absolutas, estas edades pueden estar sujetas a interpretaciones según los modelos de partida, lo que es fundamental en el debate sobre la edad real de la Tierra.

Un caso aún más evidente son las dataciones de rocas volcánicas de erupciones recientes, como las de Hawái y Salt Lake. Aunque se sabe con certeza que algunas erupciones ocurrieron en tiempos históricos recientes (incluso hace menos de 200 años), las muestras de rocas de estas erupciones han arrojado edades de cientos de miles e incluso millones de años cuando se aplican métodos como el potasio-argón (K-Ar).

En Salt Lake (ciertos estudios en rocas volcánicas de Utah y Nevada), se han encontrado casos similares, donde las rocas volcánicas recientes presentan discrepancias de edad en millones de años en los resultados de datación isotópica. La razón más comúnmente mencionada para estas diferencias se atribuye a la presencia de **"exceso de argón"** o a una **"contaminación"** de las muestras. Este argón adicional podría provenir de diversas fuentes geológicas y no se puede distinguir del argón producido por descomposición radiactiva, lo que afecta la precisión de la medición.

Sabemos que estas rocas se formaron hace apenas unos siglos, pero las dataciones por radioisótopos han arrojado edades que varían desde cientos de miles hasta millones de años. Estas enormes discrepancias sugieren que los métodos de datación por isótopos no son tan confiables como se cree, y que sus resultados pueden ser altamente inexactos.

Esto plantea dudas sobre su uso para calcular la antigüedad de la Tierra, respaldando la idea de que su edad podría ser mucho más reciente de lo que indican estos métodos.

Faure, G., y Mensing, T. M. (2005). "Isotopes: Principles and Applications". Aunque este es un texto estándar en geocronología, también reconoce que los resultados de la datación pueden variar debido a factores como la contaminación o la alteración de las muestras, que son más difíciles de controlar en algunos tipos de formaciones.

54) Halo de Polonio en Rocas

Los métodos de datación por radioisótopos, comúnmente utilizados para calcular la edad de meteoritos y rocas volcánicas, presentan serias inconsistencias. Un ejemplo claro es el caso del meteorito Allende, donde múltiples pruebas han mostrado resultados contradictorios, lo que ha llevado a descartar algunas muestras por "contaminación". Estos errores generan un margen de duda considerable y ponen en entredicho la fiabilidad de estos métodos para calcular con precisión la antigüedad de los materiales.

La evidencia de los "halos de polonio" en rocas de granito ha sido estudiada ampliamente por investigadores como el Dr. Robert Gentry, quien argumentó que estos halos no podrían haberse formado bajo condiciones de enfriamiento lento.

Según sus estudios, el polonio-218, que posee una vida media de solo 3 minutos, habría dejado patrones visibles solo si la roca se hubiera solidificado de forma casi instantánea, lo cual es inconsistente con la idea de que el granito se formó lentamente hace millones de años.

Gentry detalló sus hallazgos en diversas publicaciones, destacando que estos halos permanecen como un "misterio no resuelto" dentro de la comunidad científica, pues no se ha hallado un "elemento padre" que explique el origen del polonio en estos contextos de los estudios de Gentry, el tema de los halos de polonio también ha sido discutido en contextos creacionistas, especialmente por el *Institute for Creation Research* (ICR).

Esta organización sostiene que la preservación de estos halos es una evidencia de un rápido enfriamiento geológico, lo que encajaría en un modelo de creación reciente.

Sin embargo, la interpretación de estos datos ha sido motivo de controversia, y la comunidad científica dominante considera necesario aplicar modelos adicionales para explorar otras explicaciones posibles.

Un caso aún más evidente son las dataciones de rocas volcánicas de erupciones recientes, como las de Hawái y Salt Lake. Sabemos con certeza que estas rocas se formaron hace apenas unos siglos, sin embargo, las pruebas de datación por radioisótopos han arrojado edades que varían desde cientos de miles hasta millones de años.

Estas grandes discrepancias sugieren que los métodos de datación por isótopos no son tan confiables como se suele creer.

Esto plantea dudas importantes sobre su uso para determinar la antigüedad de la Tierra, lo que refuerza la posibilidad de que su edad sea mucho más reciente de lo que estos métodos indican.

Una evidencia complementaria son los "halos de Polonio-218" encontrados en rocas de granito.

Estos halos son pequeños patrones circulares formados por la desintegración de este isótopo radiactivo, que tiene una vida media extremadamente corta, de solo 3 minutos.

Para que estos halos se preserven, la roca debió haberse solidificado casi instantáneamente.

Esto contradice la idea de que las rocas de granito se formaron lentamente a lo largo de millones de años, como sugieren los modelos evolutivos.

Además, lo más intrigante es que no se encuentran rastros de un "elemento padre" que haya originado el Polonio-218 en estos casos, lo cual es muy inusual y plantea un misterio sin resolver para los científicos que sostienen una Tierra de miles de millones de años.

Este fenómeno no debería existir en rocas antiguas, ya que el polonio debería haberse desintegrado mucho antes de que la roca se solidificara.

Por lo tanto, la presencia de estos halos de polonio en el granito ofrece una fuerte evidencia de que la Tierra se enfrió rápidamente y en un período mucho más corto del que sugieren los modelos evolutivos. Esto refuerza la idea de una creación reciente y rápida de la Tierra.

Parte V: Evidencias Biológicas, Geológicas y Poblacionales.

En esta sección, presentamos más evidencias que desafían las escalas de tiempo evolutivas y sugieren que la humanidad y la vida en la Tierra son mucho más recientes de lo que se afirma oficiosamente.

A través de registros históricos, genéticos, fósiles y demográficos, se exploran los indicios que respaldan una cronología coherente con la visión bíblica de una creación reciente, poniendo en tela de juicio los largos periodos de tiempo propuestos por los modelos evolutivos.

55) Registros históricos más antiguos:

Argumento: Las culturas más antiguas no tienen registros previos a 6,000 años, lo que coincide con la cronología bíblica y desafía la idea de una humanidad que ha existido por cientos de miles de años.

Las civilizaciones humanas más antiguas, como Sumeria, Egipto y la civilización del Valle del Indo comenzaron a desarrollar sistemas de escritura y organización social hace aproximadamente 5,000 a 6,000 años. Antes de ese periodo, no hay evidencia arqueológica de sistemas de escritura o registros históricos que documenten la vida humana.

En cuanto a las ciudades que podrían haber estado sumergidas, como las ruinas submarinas de Yonaguni en Japón y algunos yacimientos en India, que algunos sugieren datarían de hasta 10,000 años, se han interpretado en contextos tanto históricos como mitológicos.

Esto plantea una pregunta importante: si la humanidad ha existido durante cientos de miles de años, ¿por qué no encontramos rastros de culturas avanzadas o estructuras sociales anteriores a este periodo?

La arqueología convencional sostiene que los humanos anatómicamente modernos (Homo sapiens) han existido durante unos 200,000 años, basándose en restos fósiles y herramientas de piedra.

Sin embargo, la falta de evidencia de civilizaciones organizadas o registros históricos que se remonten más allá de 6,000 años crea una brecha inexplicable en esta narrativa. Y entre 6.000 años y 200,000 años hay muchísima diferencia.

Si la humanidad hubiera existido por tanto tiempo, se esperaría encontrar pruebas tangibles de sociedades organizadas o avances tecnológicos más antiguos.

Este vacío arqueológico concuerda con la cronología bíblica, que sitúa el origen de la humanidad y el desarrollo de las primeras civilizaciones alrededor de 6,000 años. La cronología bíblica no solo presenta una explicación coherente para la ausencia de registros históricos anteriores, sino que también desafía la visión evolucionista de la antigüedad humana.

Si bien algunos argumentan que muchos registros podrían haberse perdido por el paso del tiempo o la destrucción de materiales perecederos, los humanos también usaron piedra, cerámica y metales, que son más duraderos.

De existir civilizaciones avanzadas más antiguas, sería esperable encontrar más evidencia física preservada, pero hasta la fecha no se ha encontrado tal evidencia.

Además, los fósiles de homínidos como "Lucy" son interpretados dentro de un marco de Tierra antigua mediante métodos como el carbono-14 y la datación radiométrica.

Estos métodos, desde una perspectiva creacionista, están sujetos a suposiciones que pueden ser cuestionadas.

Además de *"Lucy"* (Australopithecus afarensis), otros fósiles de homínidos que se consideran antiguos y son utilizados en el marco evolucionista para explicar la ascendencia humana incluyen:

1. **Ardi** (*Ardipithecus ramidus*): Un esqueleto bastante completo de aproximadamente 4.4 millones de años encontrado en

Etiopía. Se lo considera un ancestro cercano al linaje que habría dado origen a los humanos y se destaca por sus características de bipedalismo. *Ardi* está compuesto por huesos fragmentados de múltiples partes del esqueleto, y su reconstrucción ha sido compleja. La estructura del cráneo y la pelvis, indica que no es un ancestro directo de los humanos sino más bien un primate.

2. **Hombre de Java** (*Homo erectus*): Descubierto en Indonesia, data de hace alrededor de 1.8 millones de años. Este fósil ha sido clave en la teoría de la dispersión de los primeros homínidos fuera de África. Los restos fósiles encontrados incluyen principalmente un cráneo parcial, un molar, y un fémur. Se ha argumentado que el cráneo, debido a sus características intermedias, podría pertenecer a una especie de primate más cercana a los simios.

3. **Hombre de Pekín** (*Homo erectus pekinensis*): Hallado en China y también perteneciente a *Homo erectus*, se estima que tiene entre 500,000 y 800,000 años de antigüedad. Los restos encontrados incluyen varios cráneos y dientes, así como algunos huesos faciales y fragmentos de extremidades. Sobre la disponibilidad para análisis independientes, varios de estos fósiles fueron reportados como extraviados durante la Segunda Guerra Mundial, por lo que solo existen moldes y fotografías de algunas muestras originales.

4. **Niño de Taung** (*Australopithecus africanus*): Un cráneo de un joven hallado en Sudáfrica, de aproximadamente 2.8 millones de años, que ha sido interpretado como evidencia de la evolución del cerebro en los homínidos.

5. **Homo habilis**: Este fósil, encontrado en África Oriental, tiene una antigüedad de entre 1.4 y 2.4 millones de años. Se lo ha asociado con el uso de herramientas primitivas. El acceso a estos restos ha sido limitado, ya que los fósiles originales se encuentran principalmente en museos y laboratorios de investigación, y no siempre están disponibles para su análisis por parte de todos los investigadores, incluidos los que apoyan una perspectiva creacionista.

6. **Neandertales** (*Homo neanderthalensis*): Aunque más recientes (entre 40,000 y 400,000 años), los fósiles de neandertales en Europa y Asia son importantes en la discusión de la ascendencia humana. Los estudios sugieren que compartieron algunas capacidades cognitivas con los humanos actuales,

Ha habido cierto debate sobre la disponibilidad de muestras fósiles para estudios externos, incluidos investigadores con posturas creacionistas. Sin embargo, el acceso ha sido posible en algunas instituciones y publicaciones, permitiendo que expertos en paleoantropología analicen las características de estos restos bajo diversos enfoques científicos.

Cada uno de estos fósiles es interpretado en el marco de largos periodos de tiempo y la teoría de la evolución gradual. Sin embargo, desde la perspectiva de una Tierra joven y con métodos alternativos de datación, algunos sugieren que las características anatómicas y geológicas de estos fósiles podrían ser compatibles con cronologías mucho más recientes.

De igual manera, la genética moderna, que sugiere un ancestro común para todos los humanos, es compatible con la idea de que descendemos de un pequeño grupo reciente, como Adán y Eva o los sobrevivientes del Diluvio.

En resumen, la falta de evidencia tangible de civilizaciones más antiguas y la aparición repentina de culturas organizadas hace unos 6,000 años refuerzan la cronología bíblica y ponen en duda la narrativa evolucionista de una humanidad mucho más antigua.

Fuentes:

La obra "The Genesis Flood" de Henry M. Morris y John C. Whitcomb, que argumenta que muchos fenómenos geológicos y arqueológicos son compatibles con un diluvio global.

56) Evolución acelerada en fósiles:

Argumento: Muchos fósiles encontrados muestran un sorprendente parecido con especies actuales y sin evidencia de una evolución gradual a lo largo de millones de años.

Este hecho cuestiona los largos tiempos evolutivos y favorece la idea de una creación reciente, en la que las especies fueron diseñadas para mantenerse estables a lo largo del tiempo.

Los "fósiles vivientes", especies que han permanecido casi sin cambios, ofrecen un claro ejemplo de estabilidad biológica.

La teoría evolutiva sugiere que las especies evolucionan gradualmente a través de formas intermedias, sin embargo, la ausencia de estas formas de transición en el registro fósil plantea serias dudas sobre los tiempos evolutivos propuestos. Darwin mismo señaló esta carencia en sus escritos: "No se halla registrado ningún cambio de una especie a otra... no podemos demostrar que se haya cambiado ni una sola especie."

—Charles Darwin, *Mi vida y mis cartas*, 1905.

A su vez, en *El origen de las especies*, Darwin reconoció la falta de pruebas intermedias como un problema importante: "La cantidad de variedades intermedias que existieron antiguamente en el mundo tendría que haber sido realmente enorme. ¿Por qué, pues, no está presente cada formación geológica y repleto cada estrato de eslabones intermedios? La geología ciertamente no revela ningún cambio orgánico tan finamente gradual, y esta es quizás la más obvia y seria objeción que puede presentarse contra esta teoría."

—Charles Darwin, *El origen de las especies*.

De manera similar, el paleontólogo Richard Leakey, una figura reconocida en la investigación de la evolución humana, reconoció la falta de fósiles de transición en su especialidad: "Si me insisten en cuanto a la descendencia del hombre, tendría que decir inequívocamente que lo que poseemos es sólo un gran signo de pregunta. Hasta la fecha, no se ha hallado nada que se pueda respaldar fehacientemente como una especie transicional hacia el hombre... Si me insisten más, tendría que declarar que existen más evidencias que sugieren una llegada abrupta del hombre más que un proceso de evolución gradual."

—Richard Leakey, documental de PBS, 1990.

La estabilidad observada en los fósiles vivientes y la falta de fósiles de transición plantean preguntas sobre la plausibilidad de un cambio gradual durante millones de años. Las declaraciones de Darwin y Leakey reflejan una observación sin resolver: la ausencia de evidencia clara de un proceso evolutivo continuo y gradual. Estos factores, al no encontrar una respuesta concluyente, fortalecen la postura de que la vida podría haberse originado de manera reciente y deliberada, con diseños que se han mantenido estables a lo largo del tiempo.

Morris, H. M., & Parker, G. E. (1982). What is Creation Science? Master Books. Este libro analiza la estabilidad de especies en el registro fósil y la dificultad de encontrar formas de transición, argumentando en favor de la creación y cuestionando los largos tiempos evolutivos.

Gish, D. T. (1995). Evolution: The Fossils Still Say No!: Gish explora casos de "fósiles vivientes" y la falta de fósiles de transición en el registro geológico, destacando especies que no muestran cambios significativos a lo largo de supuestos millones de años.

Wise, K. (2002). Faith, Form, and Time: What the Bible Teaches and Science Confirms about Creation and the Age of the Earth. Broadman & Holman.: Este autor discute cómo la evidencia fósil puede ser más coherente con un modelo de creación que con los cambios graduales propuestos por la teoría evolutiva. Analiza especies actuales y fósiles casi idénticos en su forma a lo largo del tiempo.

Eldredge, N., & Tattersall, I. (1982). The Myths of Human Evolution. Columbia University Press.: Aunque Eldredge y Tattersall son evolucionistas, este libro reconoce la falta de "eslabones perdidos" en el registro fósil humano y menciona cómo la evidencia de transición es a menudo difícil de interpretar y escasa.

Estas fuentes abordan la problemática de la evolución gradual y la falta de especies intermedias en el registro fósil desde diversas perspectivas, respaldando la estabilidad observada en especies como posible evidencia a favor de una creación reciente.

57) Material genético en fósiles antiguos:

Argumento: El hallazgo de ADN y proteínas en fósiles de dinosaurios y otras especies que supuestamente tienen millones de años sugiere que estos fósiles son mucho más recientes de lo que se afirma.

La ciencia establece que tanto el ADN como las proteínas se descomponen rápidamente en un plazo de miles a decenas de miles de años debido a procesos como la oxidación y la hidrólisis.

Para respaldar la afirmación de que el ADN y las proteínas se descomponen en miles o decenas de miles de años, estudios clave han mostrado el impacto de procesos naturales como la oxidación y la hidrólisis en la degradación de estos materiales orgánicos:

1. **Lindahl, T. (1993)** - El bioquímico Tomas Lindahl es uno de los pioneros en la investigación sobre la degradación del ADN. En su estudio, *Instability and Decay of the Primary Structure of DNA*, publicado en *Nature*, Lindahl mostró cómo el ADN sufre cambios irreversibles debido a procesos como la oxidación, la hidrólisis y la desaminación. Lindahl realizó experimentos para observar la rapidez con la que el ADN se degrada en condiciones naturales, concluyendo que este solo puede persistir intacto en un plazo de hasta decenas de miles de años.

2. **Hofreiter, M., et al. (2001)** - En el estudio *Ancient DNA*, publicado en *Nature Reviews Genetics*, Hofreiter y su equipo examinaron la supervivencia del ADN en condiciones de conservación ideales. Sus hallazgos determinaron que la descomposición ocurre rápidamente bajo exposición ambiental, y aunque la supervivencia del ADN en fósiles puede extenderse bajo condiciones de congelación, en condiciones normales de temperatura se degrada completamente en menos de 100,000 años.

3. **Collins, M. J., et al. (2002)** - El equipo de Matthew Collins en el estudio *The Survival of Organic Molecules in the Fossil Record*, publicado en *Philosophical Transactions of the Royal Society B*, exploró cómo las proteínas, especialmente el colágeno, se degradan en fósiles. Este estudio empleó técnicas de datación y análisis de fragmentación para observar que las proteínas tienden a perder su estructura y funcionalidad en miles de años, incluso en fósiles bien conservados.

Estos estudios han sido fundamentales en establecer límites temporales para la preservación del ADN y las proteínas, mostrando que tales materiales no pueden perdurar millones de años, como algunos fósiles de dinosaurios sugieren, sino que la persistencia de estos componentes es mucho más consistente con un marco de tiempo reciente.

Estos procesos son inevitables incluso en condiciones favorables de preservación.

Sin embargo, en los últimos años, se han encontrado rastros de ADN, colágeno y otros restos orgánicos en fósiles de dinosaurios y otras especies que se estima tienen decenas o incluso cientos de millones de años.

La hipótesis ampliamente aceptada en la comunidad científica sugiere que los dinosaurios se extinguieron hace aproximadamente 66 millones de años debido a un evento catastrófico desencadenado por la caída de un meteorito, conocido como el evento de extinción del Cretácico-Paleógeno (K-Pg). Este impacto habría ocurrido en lo que ahora es el cráter de Chicxulub, en la península de Yucatán, México. La fecha del impacto no coincide exactamente con la desaparición de todos los dinosaurios, y el tamaño del cráter no explica por completo el grado de extinción. La falta de un "punto de desaparición" uniforme para todas las especies cuestiona si el impacto fue la causa definitiva.

Defensores de la cronología bíblica (como yo) somos de opinión de que la extinción de los dinosaurios podría estar relacionada con el relato del Diluvio. El Diluvio de Noé habría sido un evento catastrófico global que alteró el clima, el terreno y el ecosistema de la Tierra en su totalidad, causando la desaparición de muchas especies, incluidos los dinosaurios.

Continuando con el argumento, los hallazgos plantean un desafío para la cronología evolutiva tradicional, ya que, según los conocimientos actuales, las macromoléculas orgánicas no deberían sobrevivir tanto tiempo. Algunos ejemplos incluyen:

1. **Descubrimientos de tejidos blandos y colágeno** en fósiles de Tyrannosaurus rex y otras especies, realizados por la paleontóloga Mary Schweitzer, quien encontró vasos sanguíneos y colágeno en huesos de dinosaurios que se suponía tenían 68 millones de años.

2. **Restos de proteínas y ADN en fósiles de mamuts y otros especímenes más recientes** de hace decenas de miles de años, los cuales han generado debates sobre los límites reales de preservación de estos materiales.

Implicaciones para la edad de la Tierra: 125
Contraargumentos comunes: 125

17) El arrecife de coral más antiguo: ..126
Evidencia observada: 126
Implicaciones para la edad de la Tierra: 127
Contraargumentos comunes: 128

18) Sedimentos marinos: 128
Contraargumentos comunes: 131

19) Presión en depósitos de petróleo: ..131
Evidencia observada: 132
Implicaciones para la edad de la Tierra: 133
Contraargumentos comunes: 133

20) Evidencia en las Placas Tectónicas:134
Evidencia observada: 134
Implicaciones para la edad de la Tierra: 135
Contraargumentos comunes: 136

21) Desgaste de los volcanes: 136
Evidencia observada: 137
Implicaciones para la edad de la Tierra: 138
Contraargumentos comunes: 138

22) Salinidad de los océanos: 139
Evidencia observada: 139
Implicaciones para la edad de la Tierra: 141
Contraargumentos comunes: 141

23) Las Montañas Rocosas: 142
Evidencia observada: 142
Velocidad de erosión de las Montañas Rocosas:143
Implicaciones: 144
Contraargumentos comunes: 146

24) Rocas Sedimentarias Frescas: 146
Evidencia observada: 147
Implicaciones para la edad de la Tierra: 148
Comparación con los modelos evolutivos: 149
Contraargumentos comunes: 149

25) Expansión del Sahara: 150
Evidencia observada: 150
Implicaciones para la edad de la Tierra: 152
Comparación con los modelos evolutivos: 152

Contraargumentos comunes: 152

26) Cañón del Colorado: 153

27) Pilares de Basalto: 155
Ejemplos notables de pilares de basalto incluyen:
....155

Parte III: Evidencias Biológicas...............157

28) Mutaciones Genéticas: 158
Explicación con manzanitas: 159
Relación con la evolución: 159
Otro ejemplo sencillo: 160
Contraargumento (desde la perspectiva evolucionista): 161
Errores en el razonamiento evolucionista:........162

29) Extinción de Especies: 166

30) Relojes Biológicos Dendrocronología 168

31) Fósiles de Tejido Blando: 172

32) Bacterias Antiguas:........................175

33) Análisis del ADN Mitocondrial: 177

34) Colapso de Ecosistemas: 178

35) Registro de Supervivencia Animal:180

Parte IV: Evidencias Físicas y Atmosféricas 183

36) Helio Atmosférico y Tierra Joven .183

37) Helio Terrestre: Un Misterio 184

38) Escape Helio y Radiactividad en Rocas 184

39) La Evidencia del Helio en el Hielo Polar 185

40) La Potente Fuerza del Helio en el Universo 185

41) Cantidad de nitrógeno en fósiles: ..187

42) Oxígeno en la atmósfera: 189

43) La edad del hielo en los polos: 190

44) El equilibrio del CO2 en la atmósfera. 191

45) Disminución del Campo Magnético193

46) Desgaste de la Corteza Oceánica ...195

Parte IV: Evidencias Físicas y Atmosféricas *198*

47) Análisis de Cometas: 198

48) Carcajadas Estelares. 199

49) Equilibrio Geotérmico y Enfriamiento Terrestre. 201

50) "Árboles Fosilizados en Estratos Múltiples" 204

51) El Magnetismo de las Rocas. 206

52) "Escasez de Meteoritos en Capas Antiguas" 211

53) "Inconsistencias en la Datación por Isótopos en Rocas Volcánicas" 213

54) Halo de Polonio en Rocas 215

Parte V: Evidencias Biológicas, Geológicas y Poblacionales. *218*

55) Registros históricos más antiguos: 218

56) Evolución acelerada en fósiles: 221

57) Material genético en fósiles antiguos: 223

58) Vestigios fósiles sin cambio evolutivo: 226

59) Diversidad genética limitada: 227

60) Distribución de lenguas antiguas: .228

61) Falta de restos humanos antiguos: 229

62) Distribución de las civilizaciones: .230

63) "Isótopos de Potasio y Rocas Volcánicas" 231

64) Teoría de la Explosión del Cámbrico: 233

65) Fósiles en posición de asfixia: 234

66) Presencia Humana en Capas de Carbón. 236

67) Orígenes Recientes de la Agricultura 236

68) Mutaciones y Selección Natural 238

69) Fósiles y Formación Rápida...........239

70) Sobre el mismo ámbar....................240

71) Fósiles Marinos en las Montañas. ..241

Parte VI: Evidencias Químicas *243*

72) Anomalías en Decaimiento Radiactivo de Uranio 243

74) Sedimentación Rápida en Fósiles:.245

75) Supernovas Recientes: 247

76) Evolución Estelar Acelerada..........248

77) Venus y sus Montañas. 248

78) Equilibrio del Sistema Solar. 249

79) Velocidad de Expansión del Universo. 251

80) CFCs en Hielos Polares 252

81) Cambios en el Nivel del Mar y Estratos Costeros 253

Conclusión *255*

El descubrimiento de estos materiales orgánicos intactos en fósiles antiguos sugiere que dichos fósiles podrían ser mucho más recientes de lo que se afirma. Esto apoya la idea de una Tierra joven y plantea preguntas significativas sobre las escalas de tiempo evolucionistas tradicionales.

Schweitzer, M. H., et al. (2007). "Soft tissue vessels and cellular preservation in Tyrannosaurus rex." Science, 316(5822), 277-280.

Lindgren, J., et al. (2011). "Molecular preservation of the pigment melanin in fossil melanosomes." Nature Communications, 2, 417.

58) Vestigios fósiles sin cambio evolutivo:

Este argumento plantea que ciertos fósiles, a menudo llamados "fósiles vivientes," muestran una similitud notable con sus contrapartes actuales, lo cual parece contradecir la teoría de la evolución gradual. Si el proceso evolutivo fuera continuo y los cambios se acumularan con el tiempo, se esperaría ver diferencias más marcadas entre los fósiles y las especies modernas.

Sin embargo, ejemplos como el celacanto (un pez considerado extinto hasta su redescubrimiento en 1938), el cangrejo herradura, o ciertas especies de tiburones, sugieren estabilidad genética y morfológica.

La teoría evolutiva explica la existencia de estos "fósiles vivientes" a través de la "estasis evolutiva," sugiriendo que, en ciertos entornos estables, algunos organismos no han necesitado cambiar significativamente.

No obstante, el descubrimiento continuo de estos fósiles en contextos y períodos variados ha llevado a algunos a considerar que estos ejemplos de estabilidad biológica se ajustan mejor a una cronología reciente, donde los organismos fueron creados con su complejidad actual y no han cambiado radicalmente a lo largo del tiempo.

Para quienes apoyan una Tierra joven, esta falta de evolución visible podría interpretarse como una confirmación de que las especies fueron diseñadas con una gran capacidad de adaptación dentro de límites específicos, sin necesidad de transformaciones continuas a nivel evolutivo.

Esta estabilidad también se usa como evidencia a favor de la creación, en la que la biodiversidad y la funcionalidad de las especies actuales habrían sido establecidas en un periodo reciente, sin largos e ininterrumpidos procesos de cambio; esto es, durante el proceso de creación descrito en El Genesis.

59) Diversidad genética limitada:

Argumento: La relativamente baja diversidad genética en la población humana indica que la humanidad no ha tenido millones de años para acumular grandes diferencias genéticas, sino que probablemente descendemos de un número pequeño de individuos en un periodo reciente.

La baja diversidad genética en la población humana sugiere un origen reciente de la humanidad.

Si la humanidad hubiera existido durante millones de años, se esperaría que las diferencias genéticas entre los individuos fueran mucho más pronunciadas debido al largo tiempo disponible para la acumulación de mutaciones.

Sin embargo, la evidencia genética indica que los humanos probablemente descendemos de un número reducido de individuos en un periodo reciente, lo que es más coherente con un evento reciente, como un cuello de botella poblacional, y respalda la idea de una cronología más corta para la humanidad.

Las diferencias genéticas entre las personas no son tan grandes como esperaríamos si los seres humanos hubieran existido durante millones de años. Si la humanidad fuera tan antigua, habría habido mucho más tiempo para que nuestras diferencias genéticas se hicieran más grandes.

Pero, lo que vemos es que la gente de todo el mundo es bastante parecida en términos genéticos. Esto sugiere que todos descendemos de un pequeño grupo de personas hace relativamente poco tiempo, lo cual encaja mejor con la idea de que la humanidad es mucho más joven de lo que se dice.

Eldredge, N., & Gould, S.J. (1972). "Punctuated Equilibria: An Alternative to Phyletic Gradualism." En Models in Paleobiology, explica la estasis en el registro fósil como un fenómeno observado en varias especies, donde muchas no presentan cambios significativos en largas escalas de tiempo geológico.

Benton, M.J. (2001). "Finding the tree of life: matching phylogenetic trees to the fossil record through the 20th century." Proceedings of the Royal Society B: Biological Sciences, destaca casos como el celacanto y el cangrejo herradura, que han mostrado una estabilidad morfológica notablemente prolongada.

Stanley, S.M. (1981). The New Evolutionary Timetable: Fossils, Genes, and the Origin of Species, describe cómo ciertos organismos han experimentado poca o ninguna evolución morfológica a lo largo de millones de años, observación que plantea preguntas sobre la variabilidad en los ritmos evolutivos.

Gould, S.J. (2002). The Structure of Evolutionary Theory, argumenta sobre la estasis evolutiva y sugiere que el cambio evolutivo no es siempre gradual, destacando la falta de cambio en especies "fósiles vivientes".

Estas fuentes ofrecen tanto datos observacionales como argumentos teóricos sobre la persistencia de ciertos organismos sin cambios significativos, lo que permite cuestionar el modelo de evolución gradual en favor de hipótesis de estasis o estabilidad genética en determinadas especies.

60) Distribución de lenguas antiguas:

Argumento: Las principales familias lingüísticas del mundo parecen haberse desarrollado todas en los últimos 4,000 a 5,000 años, lo que coincide con la dispersión de los pueblos descrita en la Biblia y sugiere que la humanidad no ha tenido cientos de miles de años para diversificar sus lenguas.

Esto coincide con el relato bíblico de la dispersión de los pueblos, como el evento de la Torre de Babel. Si la humanidad hubiera existido durante cientos de miles de años, sería de esperar que las lenguas hubieran mostrado una diversificación mucho mayor.

Sin embargo, la formación reciente de estas familias lingüísticas sugiere que la humanidad no ha tenido tanto tiempo para diversificar sus idiomas, lo que apoya la idea de una cronología más corta para la humanidad.

La estimación de que el ancestro común más reciente (MRCA, por sus siglas en inglés) de todos los humanos modernos vivió hace aproximadamente 200,000 años proviene de estudios genéticos, específicamente del ADN mitocondrial y del cromosoma

Y. Sin embargo, es importante aclarar que esta estimación se refiere a un ancestro genético y no implica que las lenguas modernas se originaron en ese momento.

El desarrollo de las lenguas es un proceso cultural, no genético, y depende de la historia de las civilizaciones humanas, la dispersión de pueblos, y los contactos entre ellos. Aunque los estudios genéticos sugieren una antigüedad de 200,000 años para el MRCA, las evidencias lingüísticas y arqueológicas indican que las principales familias lingüísticas del mundo se desarrollaron hace solo unos 4,000 a 5,000 años, lo cual coincide más con el relato de dispersión descrito en la Biblia y con un desarrollo reciente de las lenguas humanas.

Por lo tanto, aunque estudios genéticos propongan una línea de tiempo más extensa para el origen común de los humanos modernos (tema improbable como hemos visto en otro acápite), esto no contradice la idea de que el desarrollo de las lenguas haya ocurrido mucho más recientemente. Las lenguas y la cultura no se rigen por las mismas reglas que la genética, y su evolución puede haber sido más rápida y reciente.

Ruhlen, M. (1994). On the Origin of Languages: Studies in Linguistic Taxonomy.

Nettle, D., & Romaine, S. (2000). Vanishing Voices: The Extinction of the World's Languages.

61) Falta de restos humanos antiguos:

La falta de restos humanos que se remonten a cientos de miles de años plantea una cuestión importante en cuanto a la cronología de la humanidad.

Según la teoría evolutiva, el ser humano anatómicamente moderno (Homo sapiens) ha existido durante aproximadamente 200,000 años.

De ser cierto, cabría esperar una cantidad significativa de restos humanos en capas geológicas correspondientes a ese largo periodo, lo cual no se observa en los registros fósiles actuales.

Las excavaciones arqueológicas, que han revelado fósiles de otras especies y culturas humanas de varios milenios de antigüedad, han sido insuficientes para encontrar fósiles humanos en cantidades y profundidades que correspondan a cientos de miles de años.

Esto ha llevado a cuestionar la coherencia de las escalas de tiempo evolutivas, que sugieren la presencia humana desde hace cientos de miles de años, ya que la mayoría de los restos humanos hallados datan de tiempos recientes.

Una cronología más corta, como la que sugiere el modelo de una Tierra joven, explica mejor la escasez de restos humanos en capas geológicas antiguas, ya que, en este contexto, la humanidad no habría existido el tiempo suficiente para acumular vestigios en grandes cantidades en los estratos geológicos.

Tattersall, I., & Schwartz, J. H. (2008). The Human Fossil Record.

Klein, R. G. (2009). The Human Career: Human Biological and Cultural Origins.

62) Distribución de las civilizaciones:

Argumento: La aparición y rápida expansión de las civilizaciones antiguas, como Sumeria, Egipto y la civilización del Valle del Indo, todas surgidas hace menos de 6,000 años, apoya una línea de tiempo reciente para el desarrollo de las sociedades humanas.

Estas civilizaciones se desarrollaron y prosperaron rápidamente, estableciendo estructuras sociales complejas, sistemas de escritura y avances tecnológicos en un corto período.

Si la humanidad hubiera existido durante cientos de miles de años, sería de esperar que surgieran civilizaciones avanzadas mucho antes.

Sin embargo, la arqueología y los registros históricos apuntan a un inicio relativamente reciente de la civilización organizada, lo que respalda una cronología más corta y cuestiona las largas escalas de tiempo evolutivas.

Durant, W. (1954). Our Oriental Heritage: The Story of Civilization.

Oppenheim, A. L. (1964). Ancient Mesopotamia: Portrait of a Dead Civilization.

Hawkes, J. (1973). The First Great Civilizations: Life in Mesopotamia, the Indus Valley, and Egypt.

63) "Isótopos de Potasio y Rocas Volcánicas"

Argumento: Los isótopos de potasio, en particular el potasio-40 (K-40), son comúnmente utilizados para datar rocas volcánicas y se considera que se desintegran en un proceso predecible, transformándose en argón-40 (Ar-40).

La descomposición del K-40 tiene una vida media que, en teoría, permite a los científicos estimar la edad de las rocas en escalas de tiempo de millones de años.

Sin embargo, estudios han mostrado que las condiciones geológicas pueden afectar la estabilidad de este isótopo y alterar los resultados de las pruebas de datación.

Desafíos en la Datación con Potasio-Argón (K-Ar): El método K-Ar ha sido objeto de críticas por los resultados inusualmente altos que produce al analizar rocas volcánicas recientes.

Estudios realizados en erupciones conocidas, como la del Monte Santa Helena (1980) y algunas en Hawái, han mostrado edades que oscilan entre miles y millones de años, aunque estas rocas son de apenas unos siglos de antigüedad.

Esta discrepancia plantea dudas sobre la fiabilidad de la datación mediante K-40 y su capacidad para reflejar con precisión la edad de las rocas.

La razón de estos problemas puede estar relacionada con el "argon trapping" (atrapamiento de argón) y la variabilidad en la tasa de descomposición de K-40 bajo condiciones específicas de presión y temperaturanconsistencias:

1. **Monte Santa Helena**: Muestras de roca producidas durante la erupción de 1980, datadas por el método K-Ar, dieron como resultado edades de hasta 350,000 años. Este tipo de error que, en lugar de reflejar la verdadera antigüedad de la roca, la datación K-Ar es susceptible a incorporar cantidades de argón atrapado, creando una lectura artificialmente alta.

2. **Erupciones en Hawái**: Estudios de las rocas de erupciones recientes en Hawái, específicamente en el volcán Kilauea, han arrojado edades de hasta 3 millones de años en algunas muestras. Estas dataciones no coinciden con la historia documentada de estas erupciones, lo que indica que la acumulación de argón en las rocas afectó las lecturas y sugiere que el K-40 puede no ser un indicador confiable en todas las circunstancias.

Evidencia para una Crás Reciente: Estas inconsistencias en la datación mediante potasio-argón plantean serios problemas para el modelo evolutivo de una Tierra antigua, donde los isótopos radiactivos supuestamente permiten datar eventos en escalas de millones de años.

La presencia de argón extra y la variabilidad en la descomposición del K-40 sugieren que los métodos actuales pueden sobrestimar la edad real de las rocas volcánicas.

Desde una perspectiva de una Tierra joven, estos resultados pueden indicar que los métodos isotópicos no son tan estables ni tan precisos como se presenta, lo cual refuerza la idea de una cronología terrestre más reciente.

Referencias:

Austin, Steven A. Excess Argon witl Concentrates from the New Dacite Lava Dome at Mount St. Helens Volcano. Creation Research Society Quarterly, 1996.

Snelling, Andrew A. *Radioisotopes and the AEarth: A Young-Earth Creationist Research Initiative.* Institute for Creation Research & Creation Research Society, 2005.

Dalrymple, G. Brent, *Potassium-Argon Dating: Principiques, and Applications to Geochronology,* W.H. Freeman, 1975.

Hayatsu, Akira. *Argon-Retention and the Problem of Dating Youc Rocks.* Geochimica et Cosmochimica Acta, 1979.

64) Teoría de la Explosión del Cámbrico:

Argumento: Los registros fósiles muestran que una gran cantidad de especies complejas aparecieron de repente durante el período Cámbrico, sin los precursores evolutivos esperados.

Este evento, conocido como la "Explosión del Cámbrico", plantea serios desafíos a las teorías de evolución gradual y sugiere que la vida en la Tierra podría haber sido creada en un corto periodo de tiempo.

Este un clásico en los debates sobre el origen de la vida y la teoría de la evolución. Se basa en la observación de que durante el período Cámbrico se produjo una rápida diversificación de formas de vida, muchas de ellas complejas, sin evidencias claras de formas de vida intermedias que las conectaran con organismos más simples.

La "Explosión del Cámbrico" es un evento bien documentado en el registro fósil, donde una gran cantidad de especies complejas surgieron repentinamente, sin que existan formas de transición claras que muestren una evolución gradual.

Según la teoría evolutiva, deberíamos observar precursores evolutivos de estas especies complejas, pero en los estratos fósiles anteriores al Cámbrico, estos precursores son prácticamente inexistentes.

Este evento plantea serios desafíos a las teorías de la evolución gradual, ya que la rápida aparición de formas de vida tan diversas y complejas no se ajusta al modelo de cambios lentos y acumulativos que propone la evolución.

En cambio, este fenómeno es más consistente con la idea de que la vida pudo haber sido creada en un corto periodo de tiempo, apoyando la posibilidad de una creación reciente y no un proceso largo y lento de evolución.

Las fuentes que discuten la "Explosión del Cámbrico" y sus implicaciones para la teoría evolutiva incluyen:

Meyer, S. C. Darwin's Doubt: The Explosive Origin of Animal Life and the Case for Intelligent Design. HarperOne, 2013. Este libro aborda en profundidad la falta de formas intermedias en el registro fósil del Cámbrico y presenta el fenómeno como un reto significativo para el modelo de evolución gradual.

Gould, S. J. Wonderful Life: The Burgess Shale and the Nature of History. W. W. Norton & Company, 1989. Gould, un reconocido paleontólogo, describe la "Explosión del Cámbrico" y reflexiona sobre la complejidad de los organismos encontrados en ese periodo, reconociendo la dificultad que esto presenta para el gradualismo darwiniano.

Conway Morris, S. The Cambrian "Explosion": Slow-fuse or megatonnage? Proceedings of the National Academy of Sciences, vol. 97, no. 9, 2000, pp. 4426-4429. Este artículo científico analiza el evento del Cámbrico y sugiere que la aparición súbita de especies complejas requiere reevaluar los mecanismos evolutivos propuestos.

Valentine, J. W., Erwin, D. H., & Sepkoski, J. J. The Cambrian Explosion: The Construction of Animal Biodiversity. American Scientist, vol. 85, no. 2, 1997, pp. 126-137. En este artículo, los autores examinan la "Explosión del Cámbrico" y cómo esta fase de biodiversificación desafía la narrativa evolutiva convencional.

Estas fuentes exploran el impacto de la "Explosión del Cámbrico" en el registro fósil y el debate sobre su compatibilidad con la teoría de la evolución gradual.

65) Fósiles en posición de asfixia:

Argumento: Muchos fósiles de animales, incluidos dinosaurios, han sido encontrados en lo que parece ser una posición de asfixia, lo que sugiere que murieron repentinamente y fueron sepultados rápidamente por sedimentos.

Esto es consistente con un evento catastrófico de inundación global, como el Diluvio descrito en la Biblia, y no con procesos lentos de sedimentación a lo largo de millones de años.

También un clásico en los debates sobre el creacionismo y el diluvio universal. muchos fósiles de animales, incluidos dinosaurios, han sido encontrados en posiciones que sugieren asfixia, lo que indica que murieron de forma repentina y fueron sepultados rápidamente por sedimentos. Este tipo de preservación es consistente con un evento catastrófico, como una gran inundación, en lugar de un proceso de sedimentación lenta que tomaría millones de años.

El hallazgo de restos fósiles apoya la posibilidad de que eventos como el Diluvio descrito en la Biblia puedan haber sido responsables de la muerte masiva y el rápido entierro de estas criaturas, lo que contrasta con las interpretaciones evolutivas que proponen largos periodos de tiempo para la formación de fósiles.

Las fuentes que abordan el tema de los fósiles en posición de asfixia y su interpretación en el contexto de eventos catastróficos incluyen:

Behrensmeyer, A. K. Fossils in the Making: Vertebrate Taphonomy and Paleoecology. University of Chicago Press, 1982. Este libro analiza los procesos de fosilización y cómo las posiciones y condiciones de los fósiles pueden revelar pistas sobre la muerte y el entierro de los organismos, incluyendo muertes repentinas y sepultamientos rápidos.

Brand, L. R. Faith, Reason, and Earth History: A Paradigm of Earth and Biological Origins by Intelligent Design. Andrews University Press, 2009. Brand examina la evidencia fósil y discute cómo la posición de algunos fósiles puede ser consistente con un evento catastrófico de gran escala, como el Diluvio.

McGowan, C. The Raptor and the Lamb: Predators and Prey in the Living World. Princeton University Press, 1997. Este texto explora fósiles que sugieren muertes repentinas, incluyendo fósiles de vertebrados en posturas de agonía, y cuestiona interpretaciones exclusivamente basadas en procesos lentos y graduales.

Snelling, A. A. Earth's Catastrophic Past: Geology, Creation, and the Flood. Institute for Creation Research, 2009. Snelling argumenta que muchos fósiles encontrados en posición de asfixia apoyan la posibilidad de eventos de sepultamiento rápido, como el Diluvio bíblico.

Estas fuentes examinan los patrones de preservación en fósiles y cómo podrían ser interpretados como evidencia de eventos de muerte y sepultamiento súbito, en contraposición a procesos de fosilización gradual.

66) Presencia Humana en Capas de Carbón.

El argumento de la "presencia humana en capas de carbón" se basa en hallazgos de artefactos humanos, huellas y otros restos que aparentemente están incrustados en estratos de carbón, los cuales, según la cronología evolutiva, se habrían formado hace millones de años, mucho antes de la existencia de los humanos.

Este tipo de descubrimientos es controversial, ya que, de ser auténticos, desafiarían la escala temporal de la evolución al situar a los humanos en un periodo mucho más antiguo del que plantea el modelo convencional.

Si estos hallazgos se confirman como genuinos, indicarían que la cronología evolutiva tradicional podría tener limitaciones o errores significativos.

Esta aparente coexistencia temporal sugiere una posible visión de la historia de la Tierra en la que humanos y estos estratos de carbón no están tan separados en el tiempo, lo cual sería consistente con una interpretación que considera una historia reciente para la humanidad y la Tierra.

Se pueden consultar en trabajos de estudiosos de la cronología alternativa, publicaciones de instituciones como el *Institute for Creation Research (ICR)* y *Answers in Genesis*, donde se revisan interpretaciones alternativas y análisis críticos sobre la cronología geológica y la datación de fósiles y sedimentos.

67) Orígenes Recientes de la Agricultura

Argumento: Es difícil imaginar que los seres humanos, con una inteligencia comparable a la nuestra, hayan existido durante decenas o cientos de miles de años sin descubrir algo tan fundamental como el cultivo de plantas a partir de semillas.

Sin embargo, el registro arqueológico indica que la agricultura comenzó hace menos de 10,000 años, lo cual plantea una contradicción con la cronología evolutiva, que sitúa a los humanos anatómicamente modernos en la Tierra desde hace aproximadamente 200,000 años.

Este hecho resulta intrigante, ya que, si la evolución fuese correcta, parecería improbable que los humanos, habiendo alcanzado niveles avanzados de capacidad intelectual, hayan tardado tantos milenios en descubrir la agricultura y la domesticación de plantas.

Según estudios arqueológicos, la agricultura aparece de forma notable hace aproximadamente 10,000 años en el Creciente Fértil, apoyando la idea de un desarrollo reciente de la civilización y sugiriendo que los tiempos evolutivos podrían estar sobreestimados.

El *Creciente Fértil* es una región histórica en el Medio Oriente que abarca áreas del actual Irak, Siria, Líbano, Israel, Palestina, Jordania, y el noreste de Egipto, especialmente en las áreas cercanas a los ríos Tigris y Éufrates, así como en el valle del Nilo.

Esta región es conocida por ser una de las primeras zonas donde surgió la agricultura y la domesticación de plantas y animales hace aproximadamente 10,000 años, marcando el comienzo de la civilización agrícola y la transición hacia sociedades más asentadas y organizadas.

Desde la perspectiva de la cronología bíblica, el inicio de la agricultura hace unos 10,000 años en el Creciente Fértil corrobora y confirma los relatos de *Génesis*, en los que se describe el trabajo de la tierra tras la expulsión de Adán y Eva del Edén.

El desarrollo de la agricultura y la organización de las primeras sociedades agrícolas en esta región se relaciona con la historia bíblica de los primeros humanos que cultivaban la tierra como parte de su vida post-edénica.

Esta visión sugiere que la aparición de prácticas agrícolas apoya un modelo de humanidad que tiene un origen relativamente reciente, en concordancia con la narrativa bíblica de la creación, y refuerza la idea de una humanidad diseñada con el propósito de dominar y cuidar la tierra, tal como se menciona en *Génesis*.

Fuentes sugeridas:

Diamond, J. (1997). Guns, Germs, and Steel: The Fates of Human Societies. W. W. Norton & Company. Este libro analiza la expansión de la agricultura y sus orígenes recientes desde un enfoque histórico.

Ochoa, G. (2011). The Origins of Agriculture: An International Perspective. Cambridge University Press.

68) Mutaciones y Selección Natural

Los evolucionistas deberían reconocer que las mutaciones son la única fuente de nueva información genética para que la selección natural pueda operar.

Según el diccionario ESPASA, una mutación es "la alteración producida en la estructura o en el número de genes o cromosomas de un organismo, que se transmite por herencia".

El Dr. H.J. Müller, premio Nobel por su trabajo en mutaciones, señaló: "Exhaustivos exámenes demuestran que la gran mayoría de las mutaciones son un detrimento para el organismo en su tarea de sobrevivir y reproducirse... LAS BUENAS SON TAN RARAS QUE PODEMOS CONSIDERAR COMO MALAS A TODAS" (Boletín de Científicos Atómicos, 11:331).

Esto significa que las mutaciones beneficiosas, aquellas que serían útiles para la evolución, son extremadamente raras.

Es importante tener en cuenta que una mutación solo pasa a las generaciones futuras si ocurre en las células reproductoras (esperma u óvulos).

Además, la probabilidad de que ocurra siquiera una secuencia de 5 mutaciones beneficiosas en la misma célula es tan baja (1 en 100 cuatrillones) que, incluso en una población de 100 millones de organismos con ciclos reproductores diarios, este evento solo sucedería una vez cada 274,000 millones de años.

Ante estas probabilidades extremadamente bajas o "probabilidades remotas", se requiere más fe para creer en la evolución a través de mutaciones que para aceptar la existencia de un creador.

H.J. Müller, ganador del Premio Nobel de Fisiología o Medicina en 1946, hizo contribuciones destacadas al estudio de las mutaciones y los efectos de la radiación sobre los genes. Su observación sobre la rareza de las mutaciones beneficiosas proviene de sus investigaciones, y la cita utilizada está en el Boletín de Científicos Atómicos (11:331). Su trabajo explora cómo la gran mayoría de las mutaciones tienden a ser perjudiciales para el organismo.

Boletín de Científicos Atómicos (Bulletin of the Atomic Scientists), donde se presenta la perspectiva de Müller y otros científicos en relación a los efectos de las mutaciones. Este boletín ofrece análisis sobre el impacto de las mutaciones y ha sido una fuente de debate científico sobre la estabilidad genética en contextos de cambios ambientales y adaptaciones evolutivas.

Genética de Poblaciones y estudios como los de Motoo Kimura, quien introdujo la teoría neutralista de la evolución molecular, proponiendo que la mayoría de las mutaciones son neutrales o perjudiciales. Sus trabajos exploran cómo la evolución gradual basada en mutaciones beneficiosas es estadísticamente improbable y no puede explicar por sí sola la diversidad genética.

"Molecular Biology and Evolution" y otros journals de biología molecular y genética publican regularmente estudios sobre la frecuencia y el impacto de las mutaciones, mostrando que los cambios genéticos necesarios para la evolución son poco probables y que las mutaciones beneficiosas son extremadamente raras (ver, por ejemplo, Molecular Biology and Evolution, artículos sobre mutaciones y su impacto en la adaptación).

John Sanford en su libro Genetic Entropy explora cómo la acumulación de mutaciones perjudiciales desafía la capacidad de una población para evolucionar hacia estructuras más complejas, argumentando que el número de mutaciones dañinas supera ampliamente el de mutaciones beneficiosas.

Estas fuentes ayudan a consolidar el argumento de que el proceso evolutivo basado exclusivamente en mutaciones es estadísticamente improbable y requiere una reconsideración de los mecanismos propuestos para la evolución.

69) Fósiles y Formación Rápida.

Para sustentar este argumento, estudios geológicos han demostrado que la fosilización requiere condiciones específicas, principalmente la rápida cobertura del organismo por sedimentos, lo que impide su descomposición. Sin esta cobertura inmediata, el organismo se desintegra debido a factores como la acción de los depredadores, la descomposición y la actividad bacteriana.

Un ejemplo relevante de fósiles formados rápidamente se observa en la erupción del Monte Santa Helena en 1980, donde capas de sedimento se depositaron rápidamente y contuvieron restos fósiles en solo días o semanas. Este evento mostró cómo condiciones catastróficas pueden crear estratos geológicos en poco tiempo, lo cual respalda la posibilidad de eventos geológicos repentinos en el pasado.

Además, en la región de Joggins, Nueva Escocia, se han encontrado árboles poliestratos que atraviesan múltiples capas de sedimento, lo cual refuerza la idea de que estos estratos pudieron haberse formado en rápida sucesión. Si cada capa representara millones de años, los árboles se habrían descompuesto antes de ser completamente cubiertos. En cambio, la disposición de estos fósiles sugiere una deposición de sedimentos rápida, más coherente con eventos catastróficos como inundaciones. Este tipo de formación es difícil de explicar bajo el modelo evolutivo de sedimentación lenta y gradual, lo que apoya una cronología más breve y apunta a eventos de rápida transformación geológica.

Este patrón es más consistente con un evento catastrófico, como el Diluvio global, en lugar de los procesos lentos y graduales que postulan millones de años para la formación de los estratos geológicos.

Brand, L. R., & Florence, M. L. (2000). "The Fossil Record and Flood Geology." Origins Journal.

Morris, J. D. (2010). The Young Earth.

Gibling, M. R. & Rygel, M. C. (2008). "Joggins Fossil Cliffs: Nova Scotia's Carboniferous Park." Atlantic Geology Journal.

Coffin, H. G. (1983). "Origins of the Joggins Polystrate Fossils." Creation Research Society Quarterly.

70) Sobre el mismo ámbar.

Argumento: El ámbar, formado a partir de la resina de los árboles, es una sustancia que resulta de un proceso relativamente rápido de endurecimiento y polimerización.

Inicialmente, la resina es una sustancia viscosa, que se endurece rápidamente para convertirse en ámbar en condiciones óptimas, al quedar enterrada y sin contacto con el oxígeno, evitando así su descomposición.

Este proceso natural de preservación plantea dudas sobre la capacidad del ámbar para mantenerse intacto durante millones de años, ya que, en tiempos tan largos, las variaciones en presión, temperatura y otros factores ambientales podrían afectar su estructura y estabilidad molecular.

A lo largo de millones de años, el ámbar debería estar sujeto a procesos de degradación interna, así como a reacciones químicas con minerales circundantes.

El hecho de que el ámbar se mantenga inalterado, preservando incluso su translucidez y color, es más coherente con una cronología más reciente, sugiriendo que estos depósitos son más jóvenes de lo que usualmente se afirma en los modelos de tiempo geológico tradicional.

Para el argumento sobre la preservación del ámbar y su cronología, se pueden consultar estudios en química de materiales orgánicos y publicaciones sobre la formación del ámbar en entornos geológicos específicos. Investigadores como Andrew C. Scott y su equipo en el artículo "Fossil Resins: An Overview," publicado en *Geology Today* (2004), han abordado la formación y preservación de resinas fósiles y su rápida transformación en ámbar bajo condiciones específicas. Estos estudios destacan la estabilidad de la resina y su preservación en condiciones de entierro rápido, lo que puede interpretarse en el contexto de una cronología más reciente.

Para obtener detalles adicionales sobre los procesos que permiten la conservación del ámbar, el trabajo de Robert N. Clarke, en "Amber: Structure and Chemistry of the Fossilized Resin," en el *Journal of the Geological Society* (1993), también proporciona información técnica sobre la transformación rápida de resina en ámbar.

71) Fósiles Marinos en las Montañas.

Argumento: El hallazgo de fósiles marinos en las cimas de montañas, como los Andes, proporciona evidencia clara de que estas áreas estuvieron sumergidas bajo el agua en el pasado. Un ejemplo impactante es el descubrimiento de 500 ostras gigantes en los Andes peruanos, a casi 4,000 metros de altura. Estas ostras, algunas de hasta 3.5 metros de circunferencia y con un peso aproximado de 300 kilos, muestran que el área estuvo cubierta por agua en algún momento.

Otro caso sorprendente es el Monte Everest, donde se han encontrado fósiles de criaturas marinas en las rocas de su cumbre, lo que sugiere que incluso las montañas más altas del mundo estuvieron bajo el mar.

La existencia de fósiles marinos en montañas y cordilleras refuerza la idea de un evento catastrófico como el Diluvio global, capaz de inundar hasta las zonas más elevadas.

Este escenario es difícil de explicar bajo los supuestos evolutivos de millones de años de levantamientos tectónicos lentos, pero concuerda con una inundación masiva que cubrió rápidamente la Tierra, como lo describe la Biblia.

Argumento: El orden en el que se encuentran los fósiles en los estratos corresponde a sus hábitats naturales, lo que refuerza la idea de que los estratos se formaron rápidamente durante un evento como el Diluvio y no a lo largo de millones de años.

El argumento se basa en la observación de que los fósiles en los estratos geológicos no siguen un patrón evolutivo gradual, sino que se encuentran ordenados de acuerdo con los hábitats donde vivían las criaturas.

Por ejemplo, los fósiles de animales marinos, como moluscos y peces, se encuentran en las capas más profundas, mientras que los fósiles de animales terrestres se hallan en las capas superiores. Este orden es más consistente con una rápida acumulación de sedimentos durante un evento catastrófico, como el Diluvio, que habría sepultado los ecosistemas en secuencia, desde el fondo marino hasta las tierras más elevadas.

Un experimento famoso realizado por Gilbert Hall mostró que los sedimentos y criaturas acuáticas tienden a ordenarse según su densidad y ubicación natural cuando son arrastrados por corrientes de agua. Este tipo de deposición rápida encaja mejor con la narrativa de una inundación global que con millones de años de deposición lenta y gradual. Por tanto, el orden de los fósiles por hábitat refuerza la idea de que los estratos geológicos se formaron en poco tiempo.

Los hallazgos de fósiles marinos en zonas montañosas, como el Everest y los Andes, se documentan en la obra de *Earle E. Spamer* y *Raymond G. Bernor* en "Historical Biogeography of High-Altitude Marine Fossils," en *Bulletin of the American Museum of Natural History* (1990). Además, Gilbert Hall ha llevado a cabo experimentos sobre la disposición de fósiles en sedimentos acuáticos, los cuales se discuten en estudios de sedimentología y eventos catastróficos como el Diluvio, disponibles en publicaciones de *Creation Research Society Quarterly*.

Parte VI: Evidencias Químicas

72) Anomalías en Decaimiento Radiactivo de Uranio

Argumento: El uranio, particularmente el isótopo uranio-238, es ampliamente utilizado en métodos de datación radiométrica debido a su largo período de semidesintegración.

Sin embargo, varios estudios han revelado posibles fluctuaciones en la tasa de decaimiento de este elemento, poniendo en duda la fiabilidad de los métodos de datación que asumen que esta tasa es constante a lo largo de millones de años.

En condiciones de laboratorio, investigadores han observado que factores como variaciones en el campo magnético terrestre, exposición a radiación intensa y cambios en la presión podrían afectar la velocidad de desintegración del uranio-238.

Estas variaciones plantean dudas sobre la suposición de estabilidad absoluta en el decaimiento radiactivo de uranio a lo largo de toda la historia geológica.

Estudios experimentales realizados por científicos en los años 2000 sugieren que la tasa de desintegración del uranio puede no ser inmutable.

Esto implica que, bajo ciertas condiciones geológicas o cósmicas, la tasa de decaimiento del uranio podría haber sido alterada, llevando a posibles errores en las estimaciones de edad basadas en este isótopo.

Esta situación plantea una limitación fundamental para los modelos de datación que asumen que el decaimiento radiactivo ha permanecido constante durante miles de millones de años.

Los defensores de una Tierra joven utilizan estos hallazgos para cuestionar la validez de las técnicas de datación y argumentan que los cálculos basados en el decaimiento del uranio podrían haber sobrestimado la antigüedad de ciertas rocas y fósiles.

Fischbach, E., Jenkins, J. H., & Sturrock, P. A. (2009). *Evidence for Correlations Between Nuclear Decay Rates and Earth-Sun Distance*. Astroparticle Physics, 31(6), 407–411.

Emery, G. T. (1972). *Perturbation of Nuclear Decay Rates*. Annual Review of Nuclear Science, 22(1), 165–202.

73) Anomalías en Decaimiento Radiactivo de Torio

Argumento: El torio, y específicamente el isótopo torio-232, también es usado en técnicas de datación radiométrica.

Este isótopo tiene una vida media larga, pero, al igual que el uranio, investigaciones recientes han revelado que la tasa de desintegración del torio podría no ser absolutamente constante.

Estudios han mostrado que el torio puede ser sensible a variaciones de presión extrema, temperaturas elevadas y la presencia de ciertos minerales.

Estas condiciones, aunque inusuales, podrían afectar la estabilidad del torio y modificar su tasa de desintegración, lo cual cuestiona la precisión de las técnicas de datación basadas en este elemento.

Además, observaciones experimentales han indicado que el torio-232, bajo ciertas condiciones ambientales, podría reaccionar químicamente con los materiales circundantes, alterando así los resultados de datación.

Esta anomalía plantea una limitación para las técnicas de datación radiométrica que suponen la inmutabilidad de la tasa de desintegración del torio a lo largo de millones de años.

Al igual que en el caso del uranio, estas variaciones en la tasa de decaimiento del torio refuerzan la postura de una cronología más reciente para la Tierra, sugiriendo que las edades asignadas a ciertas rocas y minerales podrían ser sobreestimaciones.

O'Brien, K. (2008). Variability in Nuclear Decay Rates: An Overview and Implications for Geochronology. Journal of Environmental Radioactivity, 99(1), 127–132.

Becker, H., & Clayton, R. N. (2000). Th/U Dating and Isotope Ratios in Zircons: Implications for Radioisotope Decay Constants. Earth and Planetary Science Letters, 177(3-4), 453–469.

74) Sedimentación Rápida en Fósiles:

Argumento: La rápida sedimentación en fósiles sugiere que estos se formaron en un corto período de tiempo, en lugar de a lo largo de millones de años como propone la teoría evolutiva.

Para que un organismo pueda fosilizarse, es necesario que sea enterrado rápidamente bajo capas de sedimento, protegiéndolo así de la descomposición y de depredadores.

Esto se observa en grandes cementerios de fósiles, donde numerosos organismos están preservados de manera casi perfecta, lo cual indica un proceso de entierro rápido y masivo.

Eventos catastróficos (como el diluvio, de hecho, esta es una prueba del mismo, ya que se observa en todas partes) pero como inundaciones, erupciones volcánicas o tsunamis, son escenarios plausibles que habrían permitido esta preservación acelerada.

Muchos fósiles, al encontrarse en posiciones de "asfixia" o en grandes grupos sin señales de descomposición, respaldan la idea de un entierro rápido.

En casos de procesos de fosilización lentos, los restos habrían estado expuestos a factores que aceleran la descomposición y fragmentación antes de ser enterrados.

La fosilización repentina, sin embargo, apunta hacia eventos de gran magnitud, como un diluvio, capaz de arrastrar y enterrar a organismos en cuestión de horas o días.

Este tipo de fosilización es consistente con una cronología más corta para la formación de las capas geológicas, desafiando así los tiempos propuestos de millones de años.

Brand, L. R., & Tang, T. (1991). Fossil Vertebrates and Their Taphonomy in Lacustrine and Fluvial Deposits, Lake Gosiute (Eocene), Wyoming. Palaeogeography, Palaeoclimatology, Palaeoecology, 81(1-2), 81-96.

Fastovsky, D. E., & Sheehan, P. M. (2005). The Extinction of the Dinosaurs in North America. GSA Today, 15(3), 4-10.

Parte VII: Evidencias Cosmológicas, Estelares y de Diseño

75) Supernovas Recientes:

Argumento: La falta de remanentes de supernovas en el universo sugiere que podría ser mucho más joven de lo que se estima actualmente.

Las supernovas, que son explosiones estelares masivas al final de la vida de ciertas estrellas, lanzan grandes cantidades de materia y energía al espacio, dejando un remanente visible.

Si el universo realmente tuviera miles de millones de años, como se cree, deberíamos encontrar una gran cantidad de estos restos de supernovas distribuidos en el espacio.

Sin embargo, el número de remanentes observados es sorprendentemente bajo.

La teoría actual indica que las supernovas deberían ocurrir en galaxias como la nuestra aproximadamente una vez cada 50 años, dejando restos que durarían miles o millones de años.

La escasez de estos remanentes ha llevado a algunos investigadores a sugerir que el universo podría ser considerablemente más joven de lo que propone la teoría evolucionista, lo cual explicaría la falta de evidencias en cuanto a la abundancia esperada de estos restos en el espacio.

Davies, P. C. W., & Lineweaver, C. H. (2004). The Arrow of Time and the Nature of Space-Time. Studies in History and Philosophy of Science Part B, 35(1), 3-19.

Clark, D. H., Caswell, J. L., & Green, A. J. (1976). A Study of Supernova Remnants in the Galaxy. Monthly Notices of the Royal Astronomical Society, 175(1), 1-19.

76) Evolución Estelar Acelerada.

Argumento: Las rápidas transformaciones estelares observadas en el universo desafían los largos tiempos que propone la teoría evolucionista.

La evolución estelar acelerada se refiere a casos documentados en los que estrellas han pasado por cambios importantes en lapsos de tiempo mucho más cortos de lo que tradicionalmente se estimaba.

Según la teoría evolucionista, las estrellas deberían desarrollar fases de vida extremadamente lentas que abarcan millones o incluso miles de millones de años. Sin embargo, observaciones recientes revelan transformaciones en algunas estrellas que ocurren en tiempos significativamente más breves.

Por ejemplo, ciertos tipos de estrellas variables han mostrado cambios drásticos en brillo y tamaño en décadas, lo cual es incompatible con los modelos estelares convencionales.

Estas observaciones cuestionan los supuestos de la teoría estelar convencional, sugiriendo que las estrellas pueden evolucionar a ritmos más rápidos de lo esperado.

Esta posibilidad es consistente con un universo mucho más joven de lo que se plantea en la teoría evolucionista.

Schaefer, B. E., & Pagnotta, A. (2012). "An absence of ex-companion stars in the type Ia supernova remnant SNR 0509-67.5." Nature, 481(7380), 164-166.

Meynet, G., & Maeder, A. (2005). "Stellar evolution with rotation." Annual Review of Astronomy and Astrophysics, 43, 581-634.

77) Venus y sus Montañas.

Venus, a pesar de su proximidad al Sol y temperaturas extremas, tiene montañas que no deberían existir si el planeta tuviera miles de millones de años, ya que la corteza se habría ablandado. Esto apoya la idea de un planeta joven.

Venus es un planeta cercano al Sol, con temperaturas extremadamente altas que alcanzan más de 460 grados Celsius.

Estas temperaturas deberían haber causado que la corteza del planeta se ablandara considerablemente si Venus tuviera miles de millones de años, como propone la teoría convencional sobre la edad del sistema solar. Sin embargo, las montañas y otras características geológicas en la superficie de Venus presentan un desafío para esta idea.

Estas montañas, algunas de las cuales son tan grandes como las de la Tierra, no deberían haber permanecido estables durante tanto tiempo si la corteza de Venus hubiera estado sometida a esas altas temperaturas por miles de millones de años.

Las condiciones extremas deberían haber causado que la superficie se aplanara o deformara. La existencia de estas formaciones geológicas en su estado actual sugiere que Venus no ha tenido suficiente tiempo para que estos procesos de deformación ocurran, lo que apoya la idea de un planeta mucho más joven de lo que se piensa.

Este argumento refuerza la visión de un sistema solar joven, donde los cuerpos celestes como Venus no han tenido las escalas de tiempo necesarias para que los procesos geológicos propuestos por las teorías evolucionistas se completen, sugiriendo una cronología más reciente.

Basilevsky, A. T., & Head, J. W. (2003). "The Geologic History of Venus: A Stratigraphic View." Journal of Geophysical Research: Planets, 108(E6). Este estudio discute las características geológicas de Venus, incluyendo su superficie y estructuras montañosas, en el contexto de la geología planetaria y las condiciones de altas temperaturas en Venus.

Schaber, G. G., et al. (1992). "Geology and Distribution of Impact Craters on Venus: What are they Telling Us?" Journal of Geophysical Research: Planets, 97(E8), 13257-13301. Este artículo revisa la estructura superficial de Venus, destacando la estabilidad inesperada de sus formaciones geológicas en condiciones de alta temperatura, y discute los desafíos que esto plantea para las teorías de evolución planetaria de larga duración.

78) Equilibrio del Sistema Solar.

La ubicación precisa de la Tierra en relación con el Sol y la Luna, así como el equilibrio en la rotación de nuestro planeta, permiten la vida.

Un ligero cambio en cualquiera de estos factores haría la vida imposible. Este equilibrio perfecto sugiere un diseño intencional y una creación reciente.

La Tierra se encuentra en lo que los científicos llaman la "zona habitable" o "zona de Ricitos de Oro", una región en el espacio alrededor de una estrella donde las condiciones son justo las adecuadas para permitir la vida.

Este equilibrio es crucial para la existencia de agua líquida, temperaturas moderadas y una atmósfera estable, que son condiciones esenciales para la vida tal como la conocemos.

La distancia exacta entre la Tierra y el Sol es fundamental. Si estuviéramos un poco más cerca del Sol, la Tierra sería demasiado caliente, y el agua se evaporaría, creando un efecto invernadero descontrolado similar al de Venus.

Por el contrario, si estuviéramos más lejos, las temperaturas serían demasiado frías, y el agua se congelaría, haciendo imposible la vida. Además, la Luna juega un papel clave en estabilizar la inclinación del eje de la Tierra, lo que a su vez regula el clima y las estaciones, condiciones que hacen posible el desarrollo de ecosistemas complejos.

El equilibrio en la rotación de la Tierra también es crucial. Nuestra velocidad de rotación es perfecta para evitar extremos climáticos; si rotáramos más rápido, los vientos serían extremadamente fuertes, y si lo hiciéramos más lento, los días y noches serían demasiado largos, lo que dificultaría la regulación de las temperaturas.

Estos factores, además de la gravedad perfectamente ajustada entre el Sol, la Tierra y la Luna, muestran un ajuste preciso que permite la vida.

Un pequeño cambio en cualquiera de estos parámetros resultaría en un planeta inhóspito. Este equilibrio tan exacto sugiere un diseño intencional y no un resultado de procesos aleatorios a lo largo de miles de millones de años.

Desde esta perspectiva, se propone que el sistema solar es mucho más joven de lo que sugieren los modelos evolutivos y que fue diseñado para sostener la vida desde el principio.

Gonzalez, G., & Richards, J. W. (2004). The Privileged Planet: How Our Place in the Cosmos is Designed for Discovery. Regnery Publishing. Este libro explora la noción de la "zona habitable" y el ajuste preciso de los factores que permiten la vida en la Tierra, analizando el equilibrio en el sistema solar y la ubicación de la Tierra.

Ward, P. D., & Brownlee, D. (2000). Rare Earth: Why Complex Life is Uncommon in the Universe. Copernicus. Este libro analiza las condiciones excepcionales de la Tierra para sustentar vida y la improbabilidad de que estas características hayan surgido al azar, sugiriendo la posibilidad de un diseño intencional.

Laskar, J., & Robutel, P. (1993). "The Chaotic Obliquity of the Planets." Nature, 361(6413), 608-612. Este estudio revisa el papel estabilizador de la Luna en la inclinación de la Tierra y cómo esto afecta al clima y las estaciones, enfatizando la precisión necesaria en el sistema Tierra-Luna para permitir la vida.

79) Velocidad de Expansión del Universo.

La tasa de expansión del universo es exacta para permitir la formación de galaxias y planetas. Una expansión más rápida o lenta habría hecho imposible la existencia de sistemas solares. Este ajuste fino es una evidencia de un universo joven y diseñado.

El universo se expande a una velocidad precisa, un fenómeno conocido como la constante de Hubble.

Este ritmo de expansión es crítico para la formación y estabilidad de galaxias, sistemas solares y, en última instancia, la vida.

Si el universo se hubiera expandido más rápido desde el principio, la materia no se habría agrupado para formar estrellas y galaxias, y el espacio sería un vacío sin sistemas solares estables.

Por otro lado, si la expansión hubiera sido más lenta, la gravedad habría hecho que el universo colapsara sobre sí mismo mucho antes de que pudieran formarse estrellas y planetas.

Este equilibrio tan delicado se conoce como el "ajuste fino" del universo. Las fuerzas que rigen la expansión del cosmos, como la gravedad y la energía oscura, están ajustadas de tal manera que permiten la existencia de estructuras complejas.

La probabilidad de que estos factores se ajustaran de forma aleatoria es extremadamente baja, lo que lleva a muchos a pensar que este ajuste no es fruto del azar, sino que apunta a un diseño intencional.

El hecho de que el universo haya alcanzado un estado en el que puede albergar galaxias, estrellas y planetas como la Tierra sugiere un propósito en su creación. Algunos argumentan que este ajuste fino es evidencia de que el universo no es tan antiguo como sugieren los modelos convencionales, sino que fue creado de manera precisa y reciente para permitir la vida tal como la conocemos.

Rees, M. (2001). Just Six Numbers: The Deep Forces that Shape the Universe. Basic Books. En este libro, el físico Martin Rees explora el "ajuste fino" de las constantes universales, como la constante de Hubble y su influencia en la estabilidad de estructuras cósmicas, destacando la precisión requerida en la expansión del universo para permitir la formación de galaxias y sistemas estelares.

Tegmark, M., & Rees, M. (1998). "Why is the Cosmic Microwave Background Fluctuation Level 10^{-5}?" The Astrophysical Journal, 499(2), 526-532. Este artículo explica el ajuste necesario en la tasa de expansión del universo para la formación de galaxias y estructuras, y cómo una variación mínima en esta constante habría alterado significativamente el desarrollo de sistemas estelares.

Barrow, J. D., & Tipler, F. J. (1986). The Anthropic Cosmological Principle. Oxford University Press. Este texto clásico aborda el ajuste fino de las constantes físicas y la velocidad de expansión del universo, argumentando que estas condiciones son compatibles con la existencia de vida y estructuras estables en el cosmos.

80) CFCs en Hielos Polares

Argumento: La presencia de clorofluorocarbonos (CFCs), compuestos creados y liberados al ambiente a partir del siglo XX, ha sido identificada en muestras de hielo polar.

Estos CFCs están atrapados en las capas de hielo, lo cual indica que estas capas se forman y acumulan con mayor rapidez de lo que sugieren las cronologías que asignan miles de años a las capas de hielo en la Antártida y Groenlandia.

Si estas capas de hielo realmente fueran producto de acumulaciones lentas a lo largo de cientos de miles de años, se esperaría que las trazas de CFCs recientes estuvieran distribuidas de manera más superficial.

Sin embargo, su presencia en capas más profundas implica una tasa de acumulación de hielo mucho más rápida, lo que respalda la idea de una cronología más reciente para estas formaciones de hielo.

Jaworowski, Z. (1994). *"Ancient Atmosphere—Validity of Ice Core Records."* Environmental Science & Pollution Research, 1(3), 161-171. Este artículo examina la interpretación de los núcleos de hielo y cuestiona la exactitud de las cronologías extendidas, indicando que los contaminantes modernos, como los CFCs, se encuentran en niveles más profundos de lo esperado.

Taylor, K. C., Alley, R. B., & Grootes, P. M. (1992). *"Low-resolution timescales and the age of the Taylor Dome Ice Core."* Geophysical Research Letters, 19(19), 1991-1994. En este estudio, se analiza la profundidad de ciertos contaminantes, como los CFCs, en el hielo de Taylor Dome, sugiriendo que las cronologías de miles de años podrían ser re-evaluadas en función de la velocidad de acumulación actual.

81) Cambios en el Nivel del Mar y Estratos Costeros

Argumento: La investigación geológica ha demostrado que los cambios en el nivel del mar pueden causar la formación rápida de estratos en áreas costeras.

Estos estratos, a menudo compuestos de sedimentos marinos y materiales arrastrados, se acumulan en tiempos mucho más cortos de lo que comúnmente se considera en las cronologías evolutivas de millones de años.

Durante eventos de cambios en el nivel del mar, como subidas rápidas, se han observado estratos bien definidos, lo cual apoya la hipótesis de que las capas sedimentarias pueden formarse en tiempos breves, incluso en décadas o menos, desafiando así la idea de deposición lenta.

Este fenómeno es claramente visible en áreas costeras y deltas, donde tormentas intensas, tsunamis, o subidas rápidas en el nivel del mar han depositado grandes cantidades de sedimento en tiempos documentados.

Un ejemplo destacado es el tsunami de 2004 en el Océano Índico, que depositó en minutos capas de arena y sedimento de hasta 30 cm en algunas áreas costeras, creando estratos visibles sin necesidad de largos periodos de tiempo.

El huracán Katrina en 2005, que formó depósitos sedimentarios en la región de Louisiana y el delta del río Misisipi, donde el cambio rápido de agua y sedimento generó estratos en áreas extensas en cuestión de días.

En Japami de 2011 dejó depósitos de más de 40 cm de espesor en ciertas áreas costeras de Sendai y Tōhoku, demostrando cómo un solo evento puede generar estratos definidos y distintivos en capas en un tiempo mínimo.

Estos ejemplos de sedimentarios masivos en respuesta a eventos extremos respaldan la posibilidad de que formaciones similares en el pasado geológico, hoy observadas como estratos, pudieron haberse formado rápidamente, apoyando así una cronología más reciente frente a la suposición de procesos graduales de millones de años y coherente con el Diluvio.

Don J. Easterbrook, "Surface Processes and Landforms", publicado por Prentice Hall, analiza cómo los cambios en el nivel del mar influyen en la formación de estratos sedimentarios en costas y plataformas continentales.

J.R.L. Allen, "Principles of Physical Sedimentology", Champman & Hall, examina las condiciones y los tiempos en que los sedimentos se acumulan durante cambios rápidos en el nivel del mar, lo cual apoya la formación rápida de estratos en estos entornos.

C. Vita-Finzi, "The Mediterranean Valleys: Geological Changes in Historical Times", analiza cómo los cambios en los niveles del Mediterráneo generaron estratos en tiempos históricos recientes.

Esta evidencia refuerza la posibilidad de una formación geológica rápida y sugiere que muchos estratos sedimentarios podrían haberse originado en tiempos mucho más cortos de lo que asumen las cronologías evolutivas tradicionales.

Conclusión

A lo largo de este libro, "81 Evidencias que Apuntan a una Tierra y un Universo Joven: Refutación al Tiempo Evolutivo", hemos explorado minuciosamente las pruebas científicas (no apoyado en citas bíblicas) que desafían la narrativa predominante de una Tierra de 4.6 mil millones de años. Aunque estas si las sustentan.

Desde los registros astronómicos hasta las pruebas geológicas y biológicas, cada evidencia presentada ofrece una perspectiva distinta, pero complementaria, que respalda la idea de un mundo joven, creado por diseño, y no fruto de procesos naturales lentos y accidentales.

El lector se encontrará con argumentos sólidos basados en la observación directa y los estudios científicos que no siempre reciben la misma visibilidad.

Esta obra no solo es un llamado a cuestionar el paradigma establecido por una aparente dictadura en la información que recibimos desde Básica, sino también una invitación a explorar la posibilidad de que las Escrituras y la ciencia pueden armonizarse de una manera más coherente.

Esta búsqueda por la verdad trasciende lo académico y toca lo espiritual, ofreciendo respuestas tanto a los creyentes como a aquellos que buscan una mayor comprensión sobre el origen de nuestro mundo.

Cada una de las 81 evidencias refuta de manera contundente la idea de una Tierra de miles de millones de años y presenta una defensa firme de la creencia en una creación joven.

Al final, la ciencia no es solo una herramienta para descubrir el mundo, sino una oportunidad para conocer mejor a su Creador. Tal vez usted pudiera llegar a refutar algunas de las evidencias aquí mencionadas, pero es imposible que todas. Y una de ellas, de manera aisladas, es suficiente como para habernos puesto a dudar ya.

Aquellos que defienden la evolución y el tiempo extenso de miles de millones de años suelen recurrir a explicaciones complejas y voluminosas para justificar su postura, pero lo que es simple y claro no requiere de adornos. Dios, en Su soberanía, lo expresó en una sola frase: "En el principio creó Dios los cielos y la tierra" (Génesis 1:1). No hay ambigüedades, su Palabra es directa. Mientras que los que defienden el azar y el tiempo prolongado necesitan millones de palabras y estudios para sostener su creencia en un proceso ciego y aleatorio.

Lo que está a la vista, como dice el adagio, no necesita explicación. La complejidad y el orden del universo, la vida misma, y el diseño tan evidente en todo lo que nos rodea son testimonio de una mente inteligente detrás de la creación. No es necesario desarrollar teorías complicadas cuando la verdad está delante de nuestros ojos.

Claro que, a pesar de lo evidente, siempre habrá quienes intenten darle vueltas al asunto, buscando formas de explicar lo que no pueden, porque la verdad divina confronta sus creencias. Pero al final del día, se trata de creer o no creer, de aceptar lo que Dios ha revelado o aferrarse a teorías humanas que constantemente cambian y se ajustan para intentar cuadrar con lo que la ciencia no puede explicar del todo.

La simplicidad de la verdad no la hace menos profunda o valiosa. Al contrario, refleja la magnificencia de un Dios que no necesita de adornos complicados para expresar la verdad, pues Su obra es perfecta y está al alcance de quienes la buscan con un corazón abierto.

La "navaja de Ockham" (o "Occam"). Fue propuesto por el fraile y filósofo inglés Guillermo de Ockham (William of Ockham) en el siglo XIV. Este principio establece que, entre varias explicaciones posibles para un fenómeno, la más sencilla tiende a ser la correcta. No es un postulado absoluto que garantice la verdad, pero es una guía útil en la búsqueda de explicaciones racionales y es ampliamente utilizado en ciencia, filosofía y lógica.

Me acojo a este principio, pues se necesita más fe para creer las rebuscadas, sofisticadas, complicadas, y poco creíbles intentos de encontrarle explicación a lo creado sobre un intricado sancocho o azopao de azar y tiempo, que la simplicidad milagrosa de La Biblia.

Los puntos que menciono reflejan un proceso de búsqueda y organización de información durante años, y destacan la idea de que muchos descubrimientos han llegado a mí de manera fortuita, algo que se conoce como "serendipia" (el acto de encontrar algo valioso e interesante de manera inesperada, por casualidad o accidente).

Esta serendipia, combinada con mi inmersión y apertura al mundo del creacionismo, me permitió recolectar una serie de evidencias que desafían la cronología evolucionista. Pero no es que tampoco que yo merezca algún premio nobel ni pretenda el de Clair Cameron Patterson de 1956. No he descubierto nada. He organizado información acumulada tan solo.

Es interesante cómo, al estar en diferentes "mundos" (ya sea el creacionismo o el evolucionismo), las personas tienden a encontrar únicamente las pruebas que refuerzan sus propias creencias, lo que lleva a una visión sesgada o incompleta. Esta "dictadura de la información," como la llamo, filtra lo que las personas ven, manteniéndolas en un estado de adoctrinamiento que impide la discusión objetiva. En mi caso, tras 30 años de caminar cristiano, y quizás por el tiempo de reposo tras una cirugía reciente, encontré una oportunidad para organizar todo lo que había acumulado en un compendio bien fundamentado.

Para mí las 9 evidencias más destacadas entre las 81 que he reunido, hay varias que resultan especialmente intrigantes por su solidez y por lo difícil que es refutarlas. Algunas de estas podrían incluir:

1. Cometas de corta duración: Los cometas pierden masa rápidamente cada vez que se acercan al Sol. Si el sistema solar tuviera miles de millones de años, estos cometas deberían haber desaparecido hace mucho tiempo. Sin embargo, su existencia actual desafía esa escala de tiempo.

2. Retroceso de la Luna: La Luna se aleja de la Tierra unos 3.8 cm al año. Si este proceso hubiese estado ocurriendo durante miles de millones de años, la Luna habría estado demasiado cerca de la Tierra en el pasado, lo que habría provocado problemas gravitacionales insostenibles.

3. Polvo en la Luna: La capa de polvo sobre la Luna es mucho menor de lo esperado si asumimos que la Luna tiene miles de millones de años. Esto sugiere que la Luna y, por extensión, el sistema solar, es mucho más joven.

4. Encogimiento del Sol: Algunos estudios sugieren que el Sol está perdiendo masa y reduciendo su tamaño. Si este proceso hubiera ocurrido durante miles de millones de años, el Sol habría sido demasiado grande en el pasado, lo que habría impedido la vida en la Tierra.

5. Salinidad de los océanos: La salinidad del mar aumenta a medida que los ríos y otros procesos llevan sales al océano. Si este proceso hubiera estado ocurriendo durante miles de millones de años, los océanos deberían ser mucho más salados de lo que son hoy.

6. Erosión de los continentes: La tasa de erosión actual debería haber desintegrado los continentes varias veces si la Tierra tuviera miles de millones de años. Sin embargo, los continentes aún permanecen, lo que sugiere una edad más joven.

7. El helio en la atmósfera: El helio se escapa al espacio con el tiempo. La cantidad de helio en la atmósfera no coincide con lo que esperaríamos si la Tierra tuviera miles de millones de años.

8. Evidencia de ADN en fósiles antiguos: La presencia de ADN y proteínas en fósiles supuestamente antiguos plantea un desafío, ya que estas biomoléculas se descomponen rápidamente. Su existencia en fósiles que se cree tienen millones de años sugiere que esos fósiles podrían ser mucho más jóvenes.

9. La explosión del Cámbrico: Durante el período Cámbrico, muchas especies complejas aparecieron de manera abrupta en el registro fósil sin precursores evolutivos claros. Esta "explosión" de vida compleja es difícil de explicar bajo los modelos de evolución gradual, lo que sugiere un evento de creación más reciente.

Uno de los puntos más críticos y controvertidos en el debate sobre la edad de la Tierra tiene que ver con las suposiciones en las que se basan los métodos de datación utilizando isótopos radiactivos.

Estos métodos, como la datación por carbono-14 o la datación por uranio-plomo, dependen de ciertas premisas fundamentales que, de no cumplirse, podrían invalidar los resultados obtenidos.

Otro ejemplo fascinante que pone en duda la cronología de millones de años es el caso de los árboles fosilizados, llamados "árboles poliestratificados", que atraviesan varios estratos geológicos que, según la datación convencional, se habrían formado en diferentes eras separadas por miles o millones de años.

Si estos estratos realmente representaran tiempos tan largos, ¿cómo es posible que un solo árbol esté presente a lo largo de tantas capas? Un árbol no puede permanecer en posición vertical durante miles de años sin descomponerse antes de ser completamente fosilizado.

Este fenómeno sugiere que los estratos podrían haberse depositado rápidamente, como resultado de un evento catastrófico, tal como una inundación masiva (diluvio) o una serie de erupciones volcánicas, lo que apoyaría la idea de una Tierra más joven de lo que comúnmente se piensa.

Estos puntos no solo resultan difíciles de refutar desde una perspectiva evolucionista, sino que también abren la puerta a la posibilidad de que la Tierra y el universo sean mucho más jóvenes de lo que convencionalmente se cree. Este compendio de evidencias, basado en estas y otras observaciones, desafía la narrativa predominante y ofrece una perspectiva valiosa para quienes buscan ver el otro lado del debate.

Es importante destacar que este tipo de trabajo no busca imponer una verdad absoluta, sino ofrecer un punto de vista que ha sido, en muchos casos, censurado o marginado en el discurso científico.

Al hacer visibles estas evidencias, se invita al lector a cuestionar las suposiciones sobre las que se construye el conocimiento tradicional, abriendo la puerta a nuevas interpretaciones que, aunque no encajen en el paradigma convencional, ofrecen argumentos legítimos que deben ser considerados.

Muchos aspectos de la hipótesis evolutiva sobre la extinción masiva, incluidos los efectos del impacto de Chicxulub, por ejemplo, se basan en estimaciones y suposiciones.

La ciencia depende de reconstruir eventos pasados a partir de la evidencia disponible, pero estas inferencias no siempre ofrecen una certeza absoluta.

Las teorías sobre el evento de extinción, por tanto, no son una observación directa, sino una interpretación basada en indicios actuales.

Este tipo de modelo científico se basa en suposiciones y, hasta cierto punto, en lo que algunos llamaríamos "fe" en el método inferencial y en la consistencia de los datos recolectados.

El Autor.

Nota Aclaratoria sobre las Fuentes:

Es común que muchos textos incluyan extensos listados de fuentes o bibliografía al final para respaldar lo expuesto.

Sin embargo, ese enfoque puede resultar tedioso y poco práctico.

Por ello, he optado por una estructura más accesible, presentando las referencias al final de cada evidencia para permitir una consulta inmediata y precisa de cada argumento.

Además, cada enfoque, evidencia o argumento presentado es, en su mayoría, independiente de los demás, lo que facilita la consulta particular de cada tema.

Este libro es el fruto de una amplia revisión de literatura científica, textos que he estudiado y que conservo, y una colección de información y estudios que he recopilado en mi computadora a lo largo de los años.

Además, incluye investigaciones académicas relevantes y temas que llegaron a mis manos de forma casual y que, por su interés, decidí guardar, analizar y corroborar con más detalle.

Este trabajo busca ofrecer una visión crítica sobre las evidencias que apuntan a una Tierra joven, facilitando el acceso a referencias clave.

A diferencia de un análisis académico convencional, este texto no pretende reemplazar las fuentes originales, sino guiar a los interesados hacia una comprensión de los datos y argumentos presentados.

Para quienes deseen profundizar, recomiendo revisar las citas incluidas en cada evidencia, y explorar más publicaciones en los campos de la geología, la cosmología y la biología.

Gran parte de la información se apoya en un análisis interpretativo de datos científicos y en fuentes que suelen citarse en el debate entre ciencia y fe.

Invito a los lectores a consultar las referencias a lo largo del texto y a realizar sus propias investigaciones en los estudios científicos relevantes.

Este trabajo es tanto una recopilación de décadas de información como el resultado de lo que considero providencial: un tiempo de recuperación tras una cirugía, al que llamo el "tiempo de Dios", fue clave para organizar esta información acumulada y darle forma. Sin esta pausa providencial, es posible que este compendio nunca se hubiera concretado.

En este sentido, la dificultad de establecer una bibliografía convencional no es una carencia, sino una consecuencia natural de este enfoque, donde el proceso de investigación ha sido más un continuo aprendizaje que una búsqueda puramente académica.

El Autor.

www.ingramcontent.com/pod-product-compliance
Lightning Source LLC
Chambersburg PA
CBHW020634220526
45464CB00001B/148